獲利優先

PROFIT FIRST

Transform Your Business from a Cash-Eating Monster
to a Money-Making Machine

大道至簡的現金管理系統

MIKE MICHALOWICZ
麥可·米卡洛維茲——著　李立心——譯

Contents

《獲利優先》使用者現身說法

達耶爾・賈薇（Darnyelle Jervey）：「打造為我服務的公司感覺很好，獲利優先系統幫助我在自己的公司裡實踐使命。」

賈薇是Incredible One Enterprises的老闆。Incredible One Enterprises是一間顧問公司，提供企業教練與顧問服務，幫助創業家和營收百萬美元的小型企業老闆更上層樓，把事業做到最好。賈薇從二〇一五年一月開始使用獲利優先系統，過去她總是會存下一〇%的營收，現金流也很穩定，但她沒有獲利紀錄，所有獲利都留在公司裡進行「再投資」。

在採用獲利優先系統之前，賈薇的公司獲利約占營收一〇%，數值約六萬五千美元。去年一整年，到今年第一季，賈薇的獲利帳戶增加了二十三萬一千七百六十三・二〇美元，去年Incredible One Enterprises成長幅度高達二五八%。

結果：獲利超過二十九萬美元，營收成長二五八%，銷貨收入超過百萬美元。

*

嘉麗·康寧頓（Carrie Cannington）：「我的公司財務整理得清楚明瞭，我有獲利（耶！）。我嚴守紀律、可以掌握公司狀況，又充滿動力。」

康寧頓是Cunnington Shift的創辦人。Cunnington Shift提供企業教練服務，幫助成功的專業人士更上一層樓，在人生的旅途中尋求自我實現的更高價值。二〇一四年，康寧頓開始採用獲利優先系統，當時公司雖有穩定的現金流入，但她還是過著左支右絀的日子，不管她再怎麼努力，就是無法控制公司財務。

後來，在獲利優先專家雪蘭·席蒙絲（Shannon Simmons）的引導下，康寧頓執行了獲利優先系統，看到系統對公司的影響之後，她深受啟發，和老公一起把獲利優先套用到個人財務。二〇一六年結束前，兩人順利還清所有債務，並且教導年幼的女兒使用這套系統。

結果：無債一身輕，且每一季都有獲利。

*

克里斯提安・馬克信（Christian Maxin）：「現在我每週只要花六十分鐘就可以完成財務規劃。」

馬克信是dP elektronik GmbH的老闆，這家公司位於德國伊森哈根（Isernhagen），專門提供房間門、大門、電梯與圍欄的電子保全方案，在產業中位居領導地位。在採用獲利優先之前，馬克信壓力一直很大，對於公司的財務「始終感到不安」，每個禮拜都花好幾個小時更新報表並進行財務規劃。

馬克信從二○一四年開始採用獲利優先系統之後，現在每個禮拜只要花一個小時就可以完成財務規劃，對於公司的財務狀況也感到放心，可以好好睡覺了！馬克信已經累積了一筆可觀的備用金，就算公司短期出現虧損也可以度過難關，每個月繳稅也不會有困難。兩年內，馬克信的公司獲利增加了五○%，約二十五萬美元，同一時間公司營收成長了二○%。

結果：馬克信一眼就能看出公司的財務狀況如何。獲利增加二十五萬美元，公司成長二○%。

*

保羅‧菲尼（Paul Finney）：「有了現金以後，機會開始以前所未見的速度湧現。」

菲尼是October Kitchen LLC的老闆，公司提供新鮮與冷凍餐點的配送，服務美國康乃狄克州哈特福（Hartford）一帶，同時經營零售外帶店。菲尼和老婆艾利森（Alison）很挫折，因為他們拚命努力卻沒辦法留下更多現金。兩個人都沒有領薪水，經營的動力受到動搖。二〇一五年，菲尼在亞馬遜上看到《獲利優先》這本書，便很快開始和獲利優先專家合作。

執行了獲利優先系統之後，菲尼覺得自己「重生」了。October Kitchen的營收從每週三千美元成長到一萬五千美元。菲尼成功讓食物成本降低二〇%，這段時間以來，公司穩定年成長一〇%到一五%。有了可運用的資金，菲尼夫婦找到並善用各種成長的機會。二〇一七年，October Kitchen年營收可望達到一百萬美元。

結果：週銷售額成長五〇〇%；成本減少二〇%。

*

海倫・佛克納（Helen Fulkner）與羅伯・佛克納（Helen and Rob Fulkner）夫婦：「創業十八年來，我們終於覺得自己成功了。」

佛克納夫婦是Saddle Camp公司的所有人與經營者。公司設在澳洲雪梨近郊，提供騎馬冒險營隊以及為女孩設計的馬術課程。起初，海倫是為了實現孩提時期的夢想，才在二十一歲時創業。走過近二十年顛簸的旅程，她已經想放棄了，公司營運狀況差、偏偏很快又得再換一批新的小馬，兩人完全沒有現金準備。海倫絕望到跑去問iPhone Siri：「現在是不是該放棄夢想了？」她接著問：「要怎麼讓我的公司更賺錢？」結果就跳出《獲利優先》這本書。

採行獲利優先系統的前四週，佛克納夫婦就還清了債務，並且建立一套系統，提撥經費為大額支出與採購做準備，同時領取第一份獲利分配款。他們認為獲利優先系統就是讓公司永續經營關鍵，也是之前「缺失的原料」。

結果：佛克納夫婦改變了公司的命運，在使用獲利優先系統後的四個星期內，就拿到這輩子第一份獲利分配。

前言
最聰明的獲利成長方程式

「我真是個白痴。」

我永遠不會忘記那天黛比·荷洛維琪（Debbie Horovitch）在我面前掉眼淚的樣子，她一邊哭、一邊反覆說著：「我真是個白痴。」

黛比是Social Sparkle & Shine Agency的創辦人，是一間位在加州多倫多市的社群媒體服務公司。在舊金山的CreativeLive活動上，黛比主動找我攀談。那天，我到現場講授我在第二本著作《南瓜計劃》（*The Pumpkin Plan*）中提到的商業成長策略，並介紹「獲利優先」（Profit First）系統的基礎概念。其中有個系統工具叫做「即時評量」，可以幫助企業快速衡量企業實際的財務狀況。我邀請現場有意願的觀眾試用即時評量工具，經示範後，獲利優先系統立刻抓住在座所有觀眾的心。

CreativeLive的演講都會在網路上同步直播。我那場演講總共吸引八千名線上觀眾，推特上的心得與留言從世界各地瘋狂湧入。由於即時評量做起來既不費時又不費力，我看到許多線上觀眾留言說他們現學現賣、立即評量自己的公司，對此我並不意外。創業家、執行長、自由業者、企業主無不直言，學到這套簡單的評量方法讓他們鬆了一口氣。他們瞬間看透公司財務狀況，但信心也頓時動搖。

中場休息時分，黛比跑來問我：「可以用剛剛提到的即時評量檢測一下我們公司的狀況嗎？」

「當然，不用兩分鐘。」

身邊的人來來去去，我咬咬筆、著手計算。當下，我和黛比彷彿進入與世隔絕的兩人世界。我將她的年度營收寫在板子上，開始算比例。一看到結果，她馬上全身顫抖，眼淚一顆顆掉了下來。無論是評量結果所呈現的公司現況，還是公司應該達到的標準，都令她難以承受。

「我一直都是個白痴，過去這十年來，我做的事情全都是錯的。我是個大白痴，我是白痴、我是白痴。」她潸然淚下。

容我在此自首：我是個共感人，看到其他人哭，我就會跟著掉眼淚。黛比一崩潰，我的眼角立即泛淚，叼在嘴裡的筆也掉到地上。我張開手臂摟摟她，試圖安撫她的情緒。

過去十年，黛比把所有的心力投注到事業上，毫無保留；她把生命奉獻給公司，犧牲了個人生活，但她的付出卻沒能轉換成金錢（或成功的事業）。當然，她很清楚自己一直在苦苦掙扎，只是她選擇持續忽視現實，拒絕面對真相。

埋頭苦幹往往可以讓人輕易忘卻公司狀況不佳的事實。我們總是想，只要自己再努力一點、工時再長一些、表現再好一點，繼續頑強抵抗，好事總有一天會發生。馬上就會有所突破，對吧？總會有什麼魔法可以把債務、財務壓力與憂慮統統消除，畢竟皇天不負苦心人，對吧？說好的Happy Ending呢？

不，我的朋友，那種好事只有在電影裡才會發生，與現實生活相去甚遠。

做了即時評量，黛比就得面對現實：她的事業就像一艘即將沉沒的船隻，過去十年勉強浮在水面上，如今卻要把她一起捲入海底。她還是不斷喃喃自語：「我真是個白痴、我真是個白痴。」

這幾個字深深刺入我心，我也曾經和她一樣，所以特別有共鳴。我很清楚，面對自己的公司、銀行帳戶、商業策略、努力拚搏成功等最為赤裸的樣貌，會有什麼感覺。

一開始，我之所以會設計獲利優先系統，就是為了解決自己的財務問題。這套系統成功了，不僅發揮了成效，簡直就是個奇蹟。使用不出一天、甚至幾個小時不到，獲利優先系統就解決了我多年來的財務困境。當時我不禁思索：這套系統該不會只對我和我愚笨的腦袋管用吧，說不定它也可以助他人一臂之力？

於是我把同一套方法應用到一間我與他人共同經營、位於聖路易（St. Louis）的小型皮革製造公司，結果很成功。我又套用到其他大大小小的企業，同樣可行。接著，我用一個容易被忽略的小段落，把這套系統寫進我第一本書《衛生紙計劃》（*The Toilet Paper Entrepreneur*）裡。後來，我陸陸續續收到其他創業家來信，說他們運用這套系統取得了一些成果。因此我在《華爾街日報》（*Wall Street Journal*）上發表文章，日後我又收到更多成功運用系統的故事。

出版第二本書《南瓜計劃》之後，我開始四處演講，介紹獲利優先系統。但直到我在CreativeLive上與黛比相遇，我才意識到，就這個主題而言，創業家需要的不僅只是短短一個段落或一個章節。有太多老闆的人生完全繞著公司打轉，活像公司的奴隸；如果我要讓世界上其他和黛比（還有我）一樣的人做出改變，就得好好寫一本關於獲利優先的專書。

《獲利優先》在二〇一四年首度問世，爾後，數以萬計的創業家採用了這套系統，改善了公司的體質。他們不只創造了豐厚的利潤，還讓業務**蒸蒸日上**，可謂一石二鳥。

撰寫新版的此刻，我人在三萬五千英呎的高空中，腳底下可能是賓州或德州，也有可能是俄羅斯。這陣子我出差的頻率高到得聽機長廣播，才有辦法知道自己在哪裡。四周乘客有的在重溫早已看過四遍的電影，有的在趕工作，有的在「閉目養神」（嘴巴微張，不時傳出鼾聲），也有些人在看窗外的雲朵。我呢？我在想這架飛機飛越了哪些公司，每一秒少說也有越過數千家企業吧！

根據美國小企業管理處（SBA）統計，光是美國就有兩千八百萬家小型企業，在此，小型企業的定義是年營收兩千五百萬美元以下的公司，包括我的公司，我想你的應該也是。藝人小賈斯汀（Justin Bieber）也算其中一員（他的「小企業」去年靠音樂賺得的收入「只有」一千八百萬美元）。總而言之，光是美國就有兩千八百萬名像我們這種選擇創業的怪咖，要是放眼全球，小企業的數量則是超過一億兩千五百萬家。[1] 這麼多創業家，這麼多兼具膽識與智慧又有決心的人發覺自己可以對世界有所貢獻，而且真的著手實踐。

就是你，朋友，你就是創業家。也許你的公司還在草創階段，你的計劃與夢想還草草寫在酒吧裡的餐巾紙上（或是廁所衛生紙——就是在說你，我的衛生紙計劃好夥伴！）如果你才剛起步，那麼恭喜你，你從第一天開始就會把營運的重點放在獲利上，確保你不會恐慌、不怕帳戶沒錢，也避免落入危難。

你可能是公司創辦人或經營者，也許看了第一版之後，想知道怎麼讓獲利優先系統更上一層樓；無論公司走到什麼階段，你都稱得上是創造奇蹟的人。你把想法化為現實，找到客戶，提供他們產品與服務，讓他們願意付錢。你持續販售、配送、管帳。我們都是聰明又積極進取的人，真的，非常聰明又滿腔熱血。偏偏有個天殺的問題：十間公司八間倒，倒閉的主因就是無法獲利。美國巴布森商學院（Babson College）的報告指出：「難以獲利始終是企業無法繼續經營下去的主要原因。」[2] 這句話有嚇到你嗎？應該沒吧，至少沒嚇到我。但這是真的，真到讓我想狂喝瑪格麗特，將遺憾一飲而盡。

大部分的中小企業、甚至連一些大企業都在苟延殘喘苦撐。那位開著全新特斯拉、叫司機送小孩去私立學校上課、住豪宅的男人經營一間營收三百萬美元的公司，但只要一個月做得不好，就得宣告破產。我怎麼會不曉得？他可是我鄰居。

在社交場合上聲稱「公司營運狀況良好」的創業家，和之後跑到停車場來問我一大串難以理解的問題的女生是同一個人。我聽不懂她在問什麼，因為她邊說邊哭，而她之所以掉眼淚，是因為她已經快一年沒領薪水，眼看就要無家可歸。這只是其中一個例子，我經常遇到這樣的創業家，他們不敢承認公司財務出了狀況。

美國小企業管理處選出的年度年輕創業家號稱是改變世界的推手，被喻為下個世代的天才，終有一天會因靈敏的商業嗅覺而登上《財星》（*Fortune*）雜誌封面。實際上，這樣的人得不斷向銀行貸款才能付清帳款，卡債節節高升。我再清楚不過，畢竟那就是以前的我。

為什麼會變成這樣？到底出了什麼問題？我們把大部分的事情都做對了，也做得夠好了。我們從無到有打造了自己的事業。到底為什麼大多數的公司依舊無法獲利？

舊的獲利公式大有問題

過去，我經常炫耀公司的規模並引以為傲，因為我可以雇用更多的員工、搬進閃亮亮的高級辦公室、接到大額訂單；但事實上，這一切表象只能用來掩蓋醜陋的事實：我的公司從來沒有獲利。事情的真相是，我的公司正在下沉（最終也把我自己給拖下水），而我不斷增大規模，想確保我的人頭還在水面上。當時的我總說：「我本來就沒在追求獲利。損益兩平就好了，還可以節稅。」換句話說，我寧願賠十塊，也不要繳三塊錢給政府。就這樣，我的公司月復一月、年復一年向下沉淪，千斤重擔始終無法消除。

打從創業以來，我整天都在付錢，帳單一張接著一張繳；最後終於有一天，我成功把公司賣了，換到一筆現金。媽呀，當下我真的鬆了一口氣！之前公司一直拖著我寸步難行，如今可終於脫手了。只是，這種鬆了一口氣的感覺帶著一點苦澀的餘味。剛創業的時候，我的目標可不只是要活下來而已，「活下去」應該是戰俘和難民的目標，而非企業家的夢想。我深信問題出在自己身上，很長的一段時間，我都覺得自己不成器、腦袋一片混亂。過了很久我才自問：有沒有可能問題不是出在我身上？錯的會不會是其他人要我遵循的系統？

獲利優先系統之所以有用，是因為這套系統不是為了修復你的公司。你很努力，又有很棒的構想，更把自己的全部奉獻給公司了，獲利優先將幫助你在既有的基礎上更上一層樓。你真正需要修正的是系統。

試想一個場景：有人告訴你，只要揮動手臂就能飛起來，還鼓勵你從最近的懸崖邊跳下去。沒錯，揮揮手臂就好，你不但不會因為跳入無盡深淵而粉身碎骨，還會逆勢高飛。什麼？你要摔死了？快點！揮大力一點。

為了飛翔而揮動手臂根本是瘋了，**因為人不會飛**。依循一套不是為人類特性量身打造的財務方程式，就像要你不斷揮動手臂，加倍努力直到雙腳離地。很抱歉，我的朋友，你再怎麼努力都不會成功。

我們一開始採用的獲利系統根本超級智障，奇差無比。是啦！數學上說得通，但完全不符合人類的邏輯。有些公司依循舊系統成功了，但那是特例，而非常態。按照傳統會計方法來提振獲利，就像叫你從懸崖上跳下去、再死命揮動手臂一樣。或許在幾百萬名揮動手臂的人當中，有兩、三個人奇蹟生還，但也不能指著那些人說：「看吧？明明就可以！」簡直太荒謬了。數百萬人身亡，倖存者少之又少，我們卻還盲目相信鼓動手臂、跳下懸崖這套做法是飛翔的最佳途徑，簡直莫名其妙。

當你無法獲利，一般來說都會假設，是你成長得不夠快。我告訴你：你根本沒問題，也不需要改變，是陳腐的獲利公式出了問題，要改變的是公式。

你知道我在講哪一條公式：**銷貨收入－費用＝獲利**。這條陳腐老舊的公式，活像個脾氣暴躁、戴多焦眼鏡的老人。乍看之下完全沒問題，只要銷售夠多，就能付清帳款，剩下的錢就是你的獲利；然而問題在於：根本就不會剩下任何東西，你根本不可能飛起來。揮動雙臂，再揮、再揮，然後啪嚓一聲，掛點。

這個傳統獲利方程式創造了企業怪獸，把現金吃光光。偏偏我們還是對它深信不疑，讓情況愈變愈糟。

解決問題的方法超級簡單，就是先領取獲利。

沒錯，就這麼簡單。

接下來你要學的事情就只有這項，成效顯著到你會想抱頭吶喊：「我到底為什麼沒早點想到？」不過，有時你會覺得很難執行，是因為你之前沒有做過。要停止揮動手臂可不容易，但你不應該繼續做無意義的事情。（有些事明明對你一點幫助都沒有，但就是很難忍住不做。想想上一次你喝掛的樣子，嘴裡說著「我再也不喝了」，後來你忍了多久？）

獲利優先系統執行不易的關鍵在於，你必須完全改變經營理念，而改變令人畏懼。多數人不懂得嚐鮮，更遑論乖乖遵循一套全新的系統。也許一開始你想嘗試採用獲利優先系統，最後卻又告訴自己，繼續走老路簡單得多，即使你知道那條路早晚會讓你與你的公司一同沉淪。所以，在我們開始之前，我先說幾則故事，讓你聽聽其他勇者如何跳上這家獲利優先專機，航向嶄新的旅程。

此時此刻，共有一百二十八名會計師、記帳士與教練與我攜手合作，指導創業家採用獲利優先系統（別擔心，想靠自己單打獨鬥也行，只是有些人比較適合找個可信、透澈了解產業的合作夥伴，一步步地引導他們）。這一百二十八名獲利優先專家（Profit First Professionals，簡稱ＰＦＰ）當中，平均每位專家都指導過十間公司執行這套新系統，換句話說，我們已經帶領一千兩百八十家企業成功採用獲利優先系統。

不過，依據我的估算，多數接觸過獲利優先系統的人都已經自行試用過了。我每天大概會收到五封創業家的來信，信中提到他們已經開始採用獲利優先系統，或已靠著新系統讓公司脫胎換骨。換算下來，過去兩年來我大約收到三千六百五十封信，提及引進獲利優先系統後的執行成果。而我也知道還有更多人看了書並採用這套做法，但沒有特別張揚，因此，我估計現正採用獲利優先系統的公司最多有三萬家。不過，即使這個數字正確，我們仍然有很長一段路要走，三萬這個數字聽起來很多，但和一億兩千五百萬家小企業相比，還是小巫見大巫，我們才剛起步而已。讓我們繼續推動這套系統，就從你開始。

首先，我想介紹一下凱斯．福爾（**Keith Fear**）這號人物。

福爾是我的老粉絲，我出版《南瓜計劃》不久就收到他的信，信中提到他很喜歡我的書，而且拜我的書所賜，他的熱氣球事業一飛衝天。他的公司成長了，獲利卻沒跟著向上提升，明明已經賺進百萬美元的營收，他還是得另外兼一份全職工作，才不至於入不敷出。後來他也讀了我寫的《獲利優先》，卻完全沒有採取行動。

完全沒有！為什麼？因為福爾無法想像獲利優先會奏效。他這輩子一直都在揮動手臂，最詭異的是，這個人明明是靠熱氣球維生，反應居然跟其他人一樣：再揮用力一點。先領取獲利的想法對他來說太過陌生，簡直像天方夜譚。然而，又過了兩年不斷繳款、驚恐度日的生活，他終於舉手投降，放棄習慣的做法，放手一搏。結果……嗯，我讓福爾自己說給你們聽。他寫了這封信給我：

致麥克與團隊：

我決定花點時間與你們分享一件事，我已經把《獲利優先》讀了N遍，而且還得再買一本，原先那本被我弄得有點爛爛的，我把它送給另一個朋友，幫助他經營公司。我擁有並經營一間熱氣球乘坐公司，在密蘇里州的聖路易、新墨西哥州的阿布奎基（Albuquerque）和陶斯（Taos）、亞利桑那州的卡頓伍德（Cottonwood）都有設點。

第一次拜讀你的著作時，老實說我覺得你瘋了，這種做法絕對不可行。因此，一直到二〇一四年的最後幾個月，我還是在做一樣的事，毫無改變，畢竟我還是有賺點錢，只是現金流不佳。坦白說，現金的問題我也只能做到這樣了。直到今年初，我重看了這本書，並開始嘗試書中提到的做法。

為了讓你們了解這個嘗試對公司造成多大的影響，我來舉幾個例子。二〇一五年年初，我們某一天的年初至今淨利年增率高達一七二一％。沒錯，就是這個數字、沒有誤植，我也絕對沒在開玩笑，二〇一五年年底結算，全年的淨利年成長為三三五．三％，我們的淨利率更是達到二二％！

福爾的公司因為獲利優先而獲救，如今他的公司蓬勃發展，我的也是。

獲利優先挽救了我的公司，而且確保我接下來開創的每一份新事業從創立之初就可以獲利。**就從第一天開始。**我最新的一間公司叫做Profit First Professionals，創立那天，我做了兩件事：我先簽署了公司的註冊文件，接著就到銀行開立五個基本的獲利優先帳戶。截至今日，Profit First Professionals仍然是我創辦過最賺錢的公司，其他公司都無法望其項背。它的規模並不是最大的（至少到目前為止不是），但與我過去建立、後來以數百萬美元售出的公司獲利最佳的時候相比，Profit First Professionals的年度獲利高出一〇〇〇％。我沒打錯，獲利真的就是高了一〇〇〇％。Profit First Professionals成立不到兩年，成長速度驚人，很有可能會成為我創立過營收最大的事業。

我保證獲利優先系統可以幫你做到一樣的事情，無論你是想創造第一個獲利年度，還是單純想提高獲利，這都是正確的道路。

我的人生目標就是幫助像你一樣的創業家提振獲利。我走遍美國境內、甚至飛往海外分享獲利優先的概念。明天我要去休士頓對超過一千一百家藥業老闆演講，接著趕去懷俄明州的卡斯帕爾（Casper）演講，狀況好的話應該會有二十五名聽眾。早上到紐奧良舉辦兩百人的演講，結束後要搭飛機、火車、Uber飛奔到華盛頓特區，才能趕上傍晚的講座。接下來，我要出國參加多場活動，中間的空檔每天要上四個廣播節目接受採訪，錄製我的專屬節目（當然是「獲利優先廣播節目」），並趁著晚上繼續更新本書的內容。上述**每一件事**我都做得很開心，我非常樂意與任何人、甚至所有人分享這套做法。我願馬不停蹄，消除創業貧困。

回到CreativeLive現場。黛比冷靜一點之後，我跟她說：「過去的十年並沒有白費，我了解為什麼妳現在會這麼想，但事實不是這樣的。妳得走過那些年頭才能走到今天，和我一起檢視公司財務。妳一定要覺得真的受夠了。」她必須歷經這個「受夠了」的時刻，才會做出改變，我們都一樣。

說真的，黛比絕對不是白痴。白痴從來不會去尋找解答；就算答案擺在眼前，他們也不會發現這世上還有別條路可以走。白痴絕不承認自己需要改變。但黛比正視這個悲慘的現實，也意識到她的努力無效，並下定決心，不再忍受這種情形。她既聰明又有勇氣，更是一名英雄。她懇求我把她的故事寫進書裡，並且不用匿名，因為黛比．黛比希望你能了解，你並不孤單。

你會選擇創業，我想不外乎兩個原因：第一，你想做自己喜歡的事；第二，你希望財務自由。你想增加財富，也想賺點錢。

這就是我撰寫這本書的原因，我們要幫助你賺進獲利，從今天開始，就是**今天**，你就能開始賺錢，並且不斷獲利。

你要做的事情只有好好研讀這本書，並且**實際執行**。拜託千萬不要跳過執行階段。請不要讀了這本書，心裡想著「這概念真不錯」，然後繼續墨守成規。你必須起身而行，像黛比一樣，拋開過去做選擇的感受，並且和福爾一樣，讀完本書之後，確實依據每個章節最後的行動步驟實際執行。你的（獲利）人生取決於此。

讓你獲利是我的首要目標，因為獲利可以讓你的事業與人生更加穩定，你會成為那顆種子，引領其他創業家、你的員工與來往的人，甚至是親朋好友採取相同行動。讓我們攜手並進，共同消除創業貧窮。

第一版《獲利優先》付梓之後，我收到大量的回饋與問題，啟發我做得更好。也有一些人在採用獲利優先系統之後，發現各種捷徑、微調版本與解決方案，並且好心與我分享。我把這些精簡過的步驟、進階版的新概念、清晰易懂的解決方案一併放入這次的增修版。如果你讀過第一版的《獲利優先》，會發現核心系統完全沒變，基本上一模一樣，但新版新增了新知、故事，以及更簡單的全新技巧。

如果這是你第一次接觸《獲利優先》，你手邊這本書就是最佳版本，你可以更輕鬆、迅速、成功把獲利優先系統應用到事業上。

準備好囉！我們會讓你的公司從下一次收到存款開始，不斷獲利。

第一章
失控的噬金怪物

不管你已經過了幾年孜孜矻矻的日子，你應該很清楚，依據統計，大概有一半的公司都會在創立五年之內倒閉。但這個數字沒說，失敗的創業家其實很幸運。大部分存活下來的企業都債台高築，老闆始終活背負著千斤重擔。大部分創業家的生活都是一場財務惡夢，夢裡盡是變態殺手弗萊迪．克魯格（Freddy Krueger）或科學怪人，四處瀰漫著赤裸而未經修飾的驚悚感。事實上，我甚至覺得自己就是創造出科學怪人的法蘭肯斯坦博士（Dr. Frankenstein）。

如果你讀過瑪麗．雪萊（Mary Shelley）的經典著作《科學怪人》（*Frankenstein*），一定秒懂我在說什麼。一位天才博士讓死屍復活，他把不同的屍體部位縫合在一起，創造出比人類更恐怖的怪物。當然，他最開始創造的生物並不是怪物；不，起初根本是個奇蹟。若沒有法蘭肯斯坦博士非凡的構想、日以繼夜的努力，這樣的新生命根本無法問世。

你我也是如此，如果沒有夢想，我們無法從無到有，開創事業版圖。不同凡響！宛若奇蹟！美麗絕倫！至少，在我們意識到自己創造的其實是一隻怪物之前，我們總是對此深信不疑。

我們僅僅仰賴一個絕佳的點子、過人的才能與稀少的資源就拼湊出一間企業，這無疑是個奇蹟，連自己都嘖嘖稱奇。直到有一天，你發現公司變成一頭巨大、駭人、會吸食靈魂的噬金怪物，你這才意識到，自己也成了科學怪人的創造者。

如同雪萊筆下的故事，心靈與身體上的痛苦緊接而來。你試圖馴服這頭怪物卻無法如願，這隻怪物隨便轉個彎就會帶來重大傷害：歸零的帳戶、卡債、貸款、節節高升的「必要」費用。怪物也吃光了你的時間。你每天日出而作，日落以後還得加班很久。你再怎麼努力不懈也沒用，怪物仍舊步步近逼。無怨無悔工作並沒有讓你自由，反而使你乾涸。為了把怪物隔絕在外，避免牠毀了你的世界，你疲憊不堪。你在夜裡輾轉反側，深怕接到催款電話（有時還是員工打來的），戶頭裡就那點錢，口袋裡只剩一些零頭，下個禮拜的帳款不知道要怎麼付清，恐慌感幾乎未曾中斷。創業難道不是為了要自己當老闆？怎麼現在看起來，這頭怪物才是你的老闆？

如果你覺得經營公司比較像恐怖故事而不是童話，那麼你並不孤單。出版第一本書《衛生紙計劃》之後，我遇過幾萬個創業家，我告訴你，幾乎每一個都為了馴服自家公司這頭怪物而吃盡苦頭。很多公司即便看起來經營得有聲有色、規模大得足以稱霸產業，其實只要一個月做不好，就可能一夕崩解。

讓我意識到這件事情的契機，得從我女兒的小豬撲滿說起。

改變我人生的小豬撲滿

拿到三十八萬八千美元支票的那一天，我迷失了方向。那是我把第二間公司（我和其他朋友共同創辦的公司，專做電腦鑑識，營收達數百萬美元）賣給一家財星世界五百企業所收到的第一張支票。拿到那張支票的時候，我已經賣出兩間自己創立的公司，光靠這張支票就足以證明，親友們的眼光完全正確：講到經營事業，我就像希臘神話中的邁達斯國王（King Midas）一樣，可以點石成金。

收到支票那天，我買了三台車：Dodge Viper。這是我大學時期的夢想，是我好久以前答應自己「有一天成功了」要買給自己的禮物（後來才發現很多人都笑說，只有雞雞小的人才會開這款車）。另一台是送老婆的Land Rover，還有一台備用車，是台豪華的BMW。

過去的我總是相信，勤儉是種美德；但現在我有錢了（還非常自負），就不一樣了。我加入私人俱樂部，就是那種把會員名字依據會費金額高低寫在牆上的俱樂部。我還在遙遠的夏威夷島嶼租了一棟房子，帶著妻小去爽過三週，感受一下新的生活型態，你懂，就是所謂「另一個世界的人的生活方式」。

我一心想著，該把賺到的錢拿來狂歡了吧！但當時的我並不曉得賺錢（收入）和拿到錢（獲利）的差別，這兩者天差地遠。

創立第一家公司的時候，除了雄心壯志我一無所有。拜訪客戶時，我會為了節省旅費而睡在車上或是會議室的桌子底下。所以你可以想像我老婆克莉絲塔（Krista）聽到我在展示中心對業務員說：「我要最貴的Land Rover！」的時候，她有多麼驚訝。不是最好的Land Rover，也不是最安全的，而是**最貴**的Land Rover。業務員聽到以後歡天喜地，三步併作兩步直奔主管身邊，興奮不已地連連拍掌。

克莉絲塔看著我說：「你瘋了嗎？我們真的付得起嗎？」

我一臉不屑：「我們付得起嗎？我們比上帝還有錢。」我永遠不會忘記那天我講出來的話有多愚蠢，如此噁心的說詞、噁心的傲氣。克莉絲塔說得沒錯，我真的瘋了，而且在那一刻，我甚至連靈魂也丟了。

那一天是末日的起點，之後的我一步步邁向終結。爾後，我發現自己雖然知道怎麼賺進幾百萬美元，但我真正最拿手的，是賠掉幾百萬美元。

不只是生活型態改變讓我的財務狀況一路惡化。我的自負讓成功成了絆腳石，我全然相信自己是個神話，是邁達斯國王再世，不可能犯錯。既然我有點石成金的能力、又知道怎麼創立成功的公司，我決定要把這筆天上掉下來的巨款拿來投資幾家全新的新創公司。我深信這是最佳用途，畢竟過不了多久，我就能在這些前景看好的公司之上，鍍上我的創業才能。

我在乎那些公司的創業家知不知道自己在幹麼嗎？不在乎，反正答案我全都知道了（讀到這句，請自行加上欠揍得要死的加強語氣）。我自認自己的「金手指」絕對可以補足創業團隊專業不足的問題，我僱用一個團隊來為這些新創公司打好基礎——會計、行銷、社群媒體、網頁設計。我深信自己手中握有成功方程式：優秀的團隊、基礎架構，以及我那出色、無可匹敵的魔法煉金術（這裡請加上更欠揍的強調語氣）。

然後我開始開支票，給這個人五千美元、那個人一萬美元，支票愈開愈多張，而且金額不斷增加。有一次，我還直接開了一張五萬美元的支票，付清其中一個團隊的所有費用。我只注重一件事：成長。無腦砸錢投資新創企業完全不符合我的金錢觀，但當時我自認成功不靠別人，這都是我一手打下來的江山，並以此為傲，絲毫沒意識到自己的錯誤。我一心只想著拉高出貨；把事業做大，隨即轉手賣人。回想起來，當時我根本不可能讓所有公司都成長到我之前那兩間公司的等級，成為利基點上的佼佼者。此事其實顯而易見，畢竟公司從來就沒有足夠的營收支付與日俱增的帳款。

由於極度自負，我不願讓那些優秀的人才成為真正的創業家，他們不過是我的棋子。我忽略所有的警示訊號，持續加碼投資，確信我會像邁達斯國王一樣，翻轉故事結局。

不到十二個月，我投資的公司當中，只剩一家還沒陣亡。當我開始寫支票為那些已經歇業的公司付清債務時，我才意識到自己並不是一名天使投資人，而是死亡天使。

整件事情就是場大災難，更正，**我**是個大災難。不出幾年，我就賠光了之前辛苦積攢的財富，失去超過五十萬美元的存款；拿來投資的錢賠得更兇（多少我就不說了），簡直丟臉到家。更慘的是，我還沒有收入。到了二〇〇八年二月十四日，我只剩下一萬美元。

我絕對不會忘記那一年的情人節。我會印象如此深刻不是因為那一天充滿愛（雖然是充滿愛沒錯），而是因為那天我才發現「觸底反彈」根本狗屁不通。直到那天我才知道，跌到谷底之後，有時你還會在谷底被拖行，地上的石頭磨破你的臉，直到你頭破血流，體無完膚。

那天早上，我的會計師凱斯（Keith，跟前言中提到、經營熱氣球公司的凱斯・福爾是不同人）打電話到我的辦公室。他說：「麥克，好消息。今天我算了一下你的年度稅額，二〇〇七年的納稅申報表也出爐了，你只要再繳兩萬八千美元就行了！」

我心頭一揪，就像被人捅了一刀。我還記得當時第一個想法是：「這就是心臟病發的感覺嗎？」

我得想辦法籌到一萬八千美元，再想辦法付清下個月的貸款，還有各種小筆的經常性支出與額外支出，這些小錢已經滾成一大筆費用。

掛電話之前，凱斯還補了一句，說星期一會把會計費用的帳單寄給我。

「多少？」我問。

「兩千。」

我感受到胸口那把刀轉了一圈。我名下只有一萬美元的資產，積欠的帳款加總起來是我資產的三倍。掛了電話之後，我趴在桌上痛哭，想著自己遠遠背離了信念、背離了核心價值，還親手毀了一切。現在我不但繳不出稅款，還不知道該如何養家。

在我們家，情人節是個重要節日，和感恩節屬同個等級。一家人會一起吃一頓特別的晚餐、交換卡片，輪流分享故事、談談我們為什麼愛著彼此。這也是為什麼情人節是我一年中最喜歡的一天，通常我會帶花束或氣球回家，甚至兩個都帶。但那一年情人節，我空手而歸。

雖然我試圖掩藏，家人還是發現不太對勁。吃晚餐的時候，克莉絲塔問我還好嗎？

簡單的問句讓我的淚水瞬間潰堤，實在太丟人了。幾秒前還勉強擠出微笑的我突然開始抽泣。孩子們看著我，又驚又怕。當我終於忍住淚水、有辦法開口說話時，我擠出一句：「我失去了一切，一毛錢都沒有了。」

一陣沉默。我癱在椅子上。羞恥感將我淹沒，我不知道要如何面對家人，我沒有半毛錢可以拿來支應他們的生活，不只養不了家，我的自負更使我一無所有。對於過去的所作所為，我羞愧得無地自容。

我的女兒阿黛拉（Adayla）那一年九歲，她起身離開餐桌、飛奔回房間。我不怪她，我自己也想逃離現場。

令人窒息的弔詭沉默又持續了兩分鐘，阿黛拉拿著她的小豬撲滿回到飯廳。那個撲滿是阿黛拉出生時收到的禮物，顯然她非常細心呵護這隻小豬，用了這麼多年，撲滿上沒有任何凹陷或裂痕。阿黛拉還用紙膠帶、強力膠帶、橡皮筋，把撲滿的橡膠底塞固定住。

阿黛拉把撲滿放在餐桌上，推給我，接著講了一句我永生難忘的話：

「爸爸，我們會成功的。」

那年情人節，我一覺醒來的感覺就跟黛比做完即時評量後一模一樣：像個白痴。但託我九歲女兒的福，那天結束之前，我學到了淨值真正的意義。那一天我也意識到，再多的才能、創意、熱情、技能都不會改變「現金為王」這個事實。就連九歲小女孩都能抓住財務安全性的精髓：存錢，並且擋住出入口、錢才不會被偷——被自己偷走。我也發現，過去我總認為自己渾然天成的商業頭腦、無盡的熱誠、極佳的工作態度可以讓我度過所有現金危機，但這種想法大錯大錯。

進行即時評量可能會像在頭上倒一桶冰水（如果你幾年前有參加過「冰桶挑戰」就知道那種冰寒徹骨的感受），也可能是你人生中最卑微的一刻，感覺就像看到女兒主動拿出畢生積蓄，試圖化解你闖下的禍。但無論結果多尖銳而令人心痛，面對現實總比裝作沒事、照舊經營公司來得好。

錢的問題

你想必花了很多時間拓展事業，也應該很懂、甚至相當拿手，這是好事。成功確實有一半要靠拓展事業，但只顧高速成長卻缺乏穩健的財務體質，還是會造成公司倒閉。讀了這本書，你就有機會能掌握金錢。

金錢是基礎。錢不夠，就無法把訊息、產品或服務散播到世界各地；錢不夠，我們就是自己創辦的公司的奴隸。這層關係很微妙，畢竟我們之所以會創業，很大一個原因就是想要自由。

但錢不夠，我們就不能真正隨心所欲。錢彰顯了我們的身分，我深信你真的想為世界做點事，你穿著所有超人當中最棒的披風，你是「創業超人」。然而，你的超能力需要充沛的能源才能施展，這個能源就是錢。超級英雄，你需要錢。

我坐下來思考自己到底哪裡做錯了，我的鋪張浪費與自恃甚高當然是重要因素，但另一方面，我也缺乏知識。我擅長快速拓展業務，卻從來沒搞懂獲利能力是什麼；我已經學會收錢，卻不知道怎麼保存、怎麼控制，或是增加金錢。

我知道怎麼從無到有，利用手邊的資源打造新事業。但隨著營收增加，支出也增加了。這是我經營個人生活與公司的一貫途徑，我覺得靠著口袋裡幾個錢就能創造奇蹟令人驕傲，但真的拿到一大筆錢之後，我就死命花。這種帳單一張接一張的生活型態不是不能持續，但前提是你的銷售要維持在同樣的水平，不能減少。

隨著我的公司爆炸性成長，我還是以這種帳單一張接著一張的方式經營公司，而且完全不覺得這有什麼問題。重點是成長，對吧？增加銷售，獲利自然就會成長，不是嗎？

錯了，以下兩件事情只要有一件發生，錢的問題就會浮現：

銷售放緩。這個問題顯而易見，當你用帳單一張接著一張的方式經營，一旦銷售因為某個大客戶倒閉、或是仰賴的大單告吹而減少，你就會拿不出錢付清帳款。

銷售加速成長。這個問題比較隱晦一點，但會在不知不覺間造成傷害。隨著收入成長，支出也快速墊高。大筆存款讓你心花怒放，但收入卻不穩定，很難維持穩定的現金流。這一季表現不錯可能就讓你誤認為自己的公司已經上了軌道，不會有問題。這時，你認定好表現是新常態，並依據這個營收水平決定錢要怎麼花；偏偏慘澹的時刻總是出其不意、瞬間襲來，造成極大的現金流缺口。然而，開銷幾乎無法縮減，因為我們的事業（或生活）型態已經鎖定在新的高點。拿一台新租的車去換古董車，或是因為冗員過多而解雇員工、拒絕合作夥伴，每一件事都會因為我們過去給過的承諾與協議而窒礙難行。我們不願意承認自己拓展業務的方式錯了，因此不肯實際減少支出，反而拚命償還高得不合理的費用，拿張三的錢還李四，暗自期待可以再賺進一大袋資金。

此景似曾相識？我想也是。過去八年，我與處在各個創業階段的創業家對談，這種只看營收、帳單一張接著一張的經營方式遠比你想得更為常見。我們總是預期營收幾百萬美元的公司獲利也很高，但其實真正獲利的公司少之又少，大部分的老闆只是每月勉強打平（或更糟），並且持續累積債務。

如果不了解獲利這件事，任何一間公司不管規模多大、多「成功」，都是不堪一擊的紙牌屋。我確實靠著前兩間公司賺了很多錢，但不是因為我謹慎操作財務，只是因為我很幸運，可以像耍特技一樣，確定盤子轉得夠快、不會掉下來，讓公司成長到一定規模，再找到人來接手，並搞定財務問題。

大不等於好

到底為什麼大家總是認定，成功的公司要像電影《麥胖報告》（*Super Size Me*）的男主角一樣大隻？營收愈高就代表事業愈成功嗎？不是這樣的。我聽過太多創業家極度恐慌，家裡的家具還得用便宜的戶外家具來裝點，因為所有多出來的錢都得投注到事業上，才能避免公司垮掉。這樣稱得上成功嗎？不太算吧！

商場上，幾乎所有的創業家和公司領導人成天都在高喊「成長」這個作戰口號，成長！成長！成長！提高銷售額！擴大客源！找更多投資人！但終點在哪裡？公司愈大，問題就愈多。然而，公司愈大並不代表獲利愈高，尤其當獲利是「有望有剩下的錢」時，更是如此。

成長只是成功方程式的一半。這一半很重要，但也僅只一半。你在健身房有沒有遇過那種手臂超壯、胸肌超大，上半身壯碩得像頭牛，卻配上鳥仔腳的人？他們事情只做一半，所以練就一身不健康的奇怪體態。當然啦！那個人可以揮出重拳，但願老天保佑他都不用往前跨步或稍做移動。屆時，他那脆弱的雙腳就會立刻不堪一擊，他馬上就會蜷縮在地上，哭得像個孩子。

大部分的創業家想透過成長解決問題，一心指望下一張大單、下一個客戶或投資人可以挽救頹勢，但最後只是一手創造了超大怪物（而且公司愈大，你就愈焦慮，營收三十萬美元的噬金怪物，比三百萬美元的好駕馭得多。這一點我深刻體悟，兩個規模的公司我都曾經順利經營過）。不斷成長卻忽略健康，哪一天大單、客戶或投資人沒有出現，你就會癱倒在地上，縮成一團，哭得像個孩子。

Basecamp共同創辦人傑森．弗萊德（Jason Fried）曾投書《Inc.》雜誌[1]，描述他最喜歡的芝加哥披薩連鎖店是怎麼倒閉的。老闆什麼都做對了，只有一個問題：成長太快。事業慢慢拓展之後，連鎖店突然一下子從二十家店擴增到四十家，銷售趕不上債務累積的速度，弗萊德最愛的披薩店就這樣倒了。事業有所謂的「最佳規模」嗎？其實，只要你優先領取獲利，自然而然就會平衡。你再依據事業的所有要素回過頭去調整營運方式，正如弗萊德所言：「對的規模自然會來找你。」

為什麼創業家總是追求大、更大、再更大？因為他們假設營收大到一定程度就會創造獲利。只要再接到一個大案子，或是招攬更多新客戶，或者再給你多一點時間，獲利終究會自動湧入。但故事從來不是這樣寫的，獲利總是近在咫尺，卻無法觸及。就像吊在驢子眼前的胡蘿蔔，愚蠢的驢子無論再怎麼努力，還是永遠得不到，始終相隔一步之遙。最大的問題在於，那頭蠢驢……是你（抱歉，我話講得很白，傷害你是因為我愛你）。

事情是這樣的，朋友：獲利**不是**事件，不會在年末、你的五年計劃結束之際，或某一天發生。你甚至不應該等到明天才獲利，而是現在就要獲利，並且要持續獲利。獲利必須深深刻進你的事業裡。每一天、每筆交易、每一刻都要獲利。獲利不是事件，而是習慣。

你有聽過「營收是虛榮，獲利是理智，現金為王」嗎？這句簡潔有力的話提醒你，要你牢牢記著自己的工作就是盡可能提高獲利，不管公司有多大。當你把重心放在獲利，你就會找到其他方法讓公司更精實並持續成長，而不是先成長再獲利。然而，大家卻都像旅鼠一樣，一窩蜂把成長擺第一，期待在成長過程中自然會獲利。這個概念錯得離譜，我每次聽到都會抓狂。

最近，我到克羅拉多州的喬治敦（Georgetown）演講，活動主持人是我的好朋友蜜雪兒．薇拉羅伯斯（Michelle Villalobos）。一如往常，我在講述獲利優先的概念時，有一位創業家發言表示：「這套系統聽起來很棒，但我需要成長，所以我得把所有賺到的錢再投進公司。」

說不定你現在就這麼想。如果真是如此，那代表你還在用「先成長，後獲利」的邏輯思考。

我問她：「妳為什麼想成長？」

「這樣我的公司就能服務更多客戶，並且創造更多銷售。」

「妳為什麼想這麼做？」

她活像看到外星人一樣瞪著我，答道：「這樣我的公司才會更大啊！麥克。」

「那妳為什麼想要讓公司更大？」我繼續問。

「這樣才能賺更多錢啊。」聽她的口氣我就知道，她有點火大。

「啊哈！」這下我們總算把這顆喬治敦的「洋蔥君」給撥開了（特此澄清，洋蔥不是喬治敦的名產）。我接著問：「那為什麼不乾脆現在就開始賺錢？」

她一心想著只要成長再成長，有朝一日就能獲利。也有些人追求成長是為了滿足自尊心，可以拿出去炫耀，這種想法愚蠢至極（咳咳，我以前就是這種人，丟臉死了）。如果你追求成長是為了以後能賺錢，那你就像在玩踢罐子遊戲的孩子，把名為獲利的罐頭一路往下踢。

事實是，如果你希望能創造健康又永續的成長（不用訝異，這種成長可以進一步創造更穩健的成長），你就得改變獲利的方式。先領取獲利。無法獲利的問題不會因為公司變大就自然解決，你得先解決獲利的問題，再來談成長。你要先搞清楚哪些業務可以獲利，把不賺錢的業務放掉。當你滿腦子只有成長，就會不惜重本衝衝衝，連生活品質都賠下去。但如果你把重點放在獲利，你一定會想出持續獲利的方法。讓獲利能力、穩定性以及判斷力，永久延續下去。

帳單一張接一張，恐慌一陣又一陣

你有沒有過那種好像全世界都精準掌握你剩下多少錢的感覺？一個客戶剛付清了你幾個月前沖銷掉的四千美元過期帳款，結果不到一週，你的送貨卡車就徹底報銷，四千塊掰掰。好不容易拉到新客戶，天上掉下來一筆錢，開心不到幾分鐘，你就想起這個月要付三次薪水（**注：有些公司每兩週付一次薪水，一年會有兩個月需要付三次**）好吧！至少有了這筆錢，還差一點點就能付清薪水了。又或者你發現信用卡公司有筆帳錯了、退款到帳上（喔耶，找到錢了！）結果又冒出一筆你刷完就忘的款項。

其實老天爺並不曉得我們剩多少存款，只有我們自己知道。而我們在管理公司現金的時候，會不自覺採用我稱為「帳戶餘額會計」（bank balance accounting）的方法。

如果你和我、以及多數創業家一樣，那你應該會這樣做：

你看看帳戶餘額，發現錢變多了。耶嘿！先自嗨個十分鐘，接著決定趕快付清堆積如山的費用。餘額瞬間歸零，你的心揪成一團，這種揪心感你再熟悉不過。

如果發現帳戶餘額根本不夠、幾乎見底，我們會怎麼做呢？我們會立刻慌張起來，切換到「向前衝」模式：趕快提振銷售！快去催繳帳款！假裝沒收到帳單，或是把「不小心」忘記簽名的支票寄出去。一旦我們發現帳戶餘額超級低（玩過凌波舞遊戲吧？就像遊戲裡的繩子那麼低），我們就會想盡辦法買下我們唯一負擔得起的東西：時間。

我大膽假設，你不常看損益表，也很少攤開現金流量表或資產負債表。就算有看，我也不信你會天天看，或是真的弄懂這些表寫了些什麼。但我敢說，你肯定天天都會查看帳戶餘額，沒說錯吧？這不是問題。如果你每天查看帳戶餘額，我要恭喜你，因為那代表你是典型——啊更正——一個正常的企業領導人，創業家多半是這樣的。

身為創業家，我們天生就會想找出問題，然後解決問題。管錢的也不例外。如果銀行裡的錢還夠，我們就覺得自己沒有金錢上的問題，於是轉頭專心因應別項挑戰。一旦發現存款不夠了，我們就會立刻提高警覺，馬上採取行動、解決錢的問題。解決方法通常是提高營收、接張大單，或是兩者並行。

我們拿所有的錢用來還清債務；如果錢不夠，就靠賣東西或催收款項來補足。除了支應新的營收，相關支出也增加了，於是進入周而復始的循環。即使你一開始沒欠錢，最後也一定會走到不得不借錢的時候，那是唯一的「解方」：用自家住處去二次貸款、辦公大樓也拿去借錢，辦一大堆信用卡，疊起來七、八公分高。很多創業家就是這樣陷入帳單一張接一張、恐慌一陣又一陣的經營模式。

我想問個問題：要是你這樣經營事業，你對公司的成長多有信心？你覺得自己有辦法結束這趟雲霄飛車之旅嗎？有辦法靠現行系統還清債務嗎？當然不可能。

但是這種帳戶餘額會計卻很符合人性。人類都不喜歡改變，改變太難了。就算你有心要改、違抗人性，不再用帳戶裡有多少錢來決定經營方式，也得花上好幾年。難道你認為，在你自己的怪物把一切吞噬殆盡之前，你還有好幾年的時間可以做出轉變？我沒有答案，這得你自己說。我自己的經驗是沒有。

這就是為什麼如果想脫離整天付帳、深陷恐慌的日子，我們就得找到符合人性、而不是違反人性的做法。

我們需要一套有效的金錢管理系統，讓我們不用大幅改變理念也能執行，否則就只能不斷靠著提高銷售、試圖脫離苦海。唯有如此，才能不再陷入賣更多、賣更快、用盡各種手段賺錢的深淵。這是一個陷阱，恐怖到連科學怪人都會嚇得挫屎的「生存陷阱」（Survival Trap）。

生存陷阱

幫我整理草坪的爾尼（Ernie）就是身陷生存陷阱的絕佳案例。和其他在美國東北部以整理草坪維生的人一樣，爾尼靠著幫家戶移除草坪上的落葉掙取不錯的報酬。然而，爾尼的收入卻總是不夠用。去年秋天，他來敲我家的門，說他看到我們家的簷槽裡有許多落葉，他很樂於幫忙清理。像我這種耳根子軟的客人一下子就接受了新的服務，他輕輕鬆鬆多賺了一筆。接下來他又發現屋頂上的磚瓦需要整修，於是提出屋頂修繕的服務，何不連我的煙囪也修一修？

聽起來很聰明吧？但他根本是個蠢蛋（讓我澄清一下，無庸置疑，爾尼是個超棒的人，他野心勃勃又懂得設立目標，但不斷拓展服務範圍和擴張業務這種做法，實在是蠢得可以）。每一項業務感覺都很成功，因為銷售讓我們短暫脫離危機。

我們看看圖一。如今爾尼身在A點（也就是危機點），他想走向B點（他的願景）。但是和多數人一樣，爾尼的願景非常模糊，他沒辦法清楚說出自己想要提供哪些產品或服務，也講不出自己的目標客群是誰。爾尼的目標可能只是「我得賺很多錢，才能擺脫壓力」。因此，在他眼中，從A點到B點只有一條路，就是「快賣，親愛的！隨便賣什麼東西、賣給誰都好！」但是，從剛剛那張圖表中就可以看到，以「純粹提振銷售」為目標所做的決定，往往讓我們離自己實際的願景愈來愈遠。爾尼提供我新服務的當下，只是想趕快賺一筆；他並沒有考慮到這項新的服務與他對公司的期待、目標客群根本沾不上邊。

圖一　生存陷阱

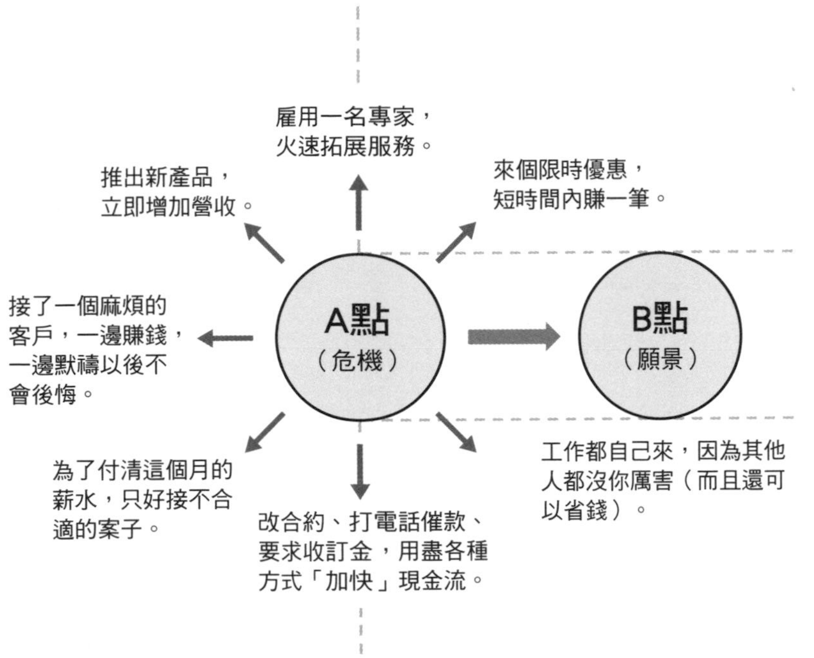
雇用一名專家，
火速拓展服務。
推出新產品，
立即增加營收。
來個限時優惠，
短時間內賺一筆。
接了一個麻煩的
客戶，一邊賺錢，
一邊默禱以後不
會後悔。
A點
（危機）
B點
（願景）
為了付清這個月的
薪水，只好接不合
適的案子。
改合約、打電話催款、
要求收訂金，用盡各種
方式「加快」現金流。
工作都自己來，因為其他
人都沒你厲害（而且還可
以省錢）。

從清理草坪到修理煙囪非常簡單，因為這是從容易上鉤的客戶口袋輕鬆撈錢的好機會。問題在於錢或許好賺，那成本呢？掃落葉的草耙和吹葉機沒辦法用來修繕屋頂或煙囪。這下爾尼需要梯子、屋頂維修工具、磚頭以及其他材料，才有辦法拓展業務。最重要的是，他得擁有完成這些業務的技能。換句話說，要麼他得雇用有這項能力的員工，要麼得自己學會清理落葉和水溝、修屋頂、修煙囪。每一個乍看之下可以輕鬆賺錢的新業務，都讓爾尼離原本的草坪清理工作愈來愈遠。

生存陷阱讓我們快速賺錢，但當我們像爾尼一樣深陷其中，往往就會忘記龐大的機會成本，也分不出「可獲利的收入」與「創造債務的收入」。我們沒有專心把一件事情做到世界第一，以最高的效率提供完美的服務；而是做了一大堆事，每多一件就更沒效率，公司因此愈來愈難經營，成本也愈墊愈高。

「生存陷阱」不會讓我們走向願景，而是讓我們採取任何可以脫離危機的行動。圖一裡的每項做法都可以讓我們擺脫眼前的危機。採取圓圈左邊的行動顯然可以讓我們脫離險境，但是會與既定目標（B點）背道而馳；只要有人（真的是任何人）願意付錢，我們就收。就算客戶不好、專案很差也無所謂，甚至從自己的口袋裡掏錢出來做也行（前提是口袋裡不是只有兩毛錢、一條口香糖、一坨棉絮）。如此一來，我們永遠無法脫離那台雲霄飛車，只能繼續過著從帳單一張接一張、恐慌一陣又一陣的日子。

圖一的其他行動並不會把你帶往反方向，但是會讓你繞遠路；唯有沿著兩個圓圈中間的平行虛線直行，才有辦法實踐企業願景。

生存陷阱會騙人，讓我們以為自己一點點向目標前進，彷彿我們那些反射性的行為很「聰明」，或是證明我們擁有過人的商業嗅覺，最終必定會帶我們走向美好的境地：財務自由。看看圖一右端的那些行動，以「純銷售」手法為例，純粹提振銷售偶爾會碰巧讓我們向目標靠近一點，讓我們輕易誤信自己走在正確的道路上。有時候，我們在想怎麼解決危機時，並沒有把公司的願景和如何達成目標納入考量，卻意外做了對的決定，總有幾次偶然讓我們相信「看吧！我快到終點了，一切順利運作、所有事物全部到位」。實際上，這只不過是機緣巧合，是因為遇到危機才做出反應，而不是懷抱清晰的目標或核心理念採取行動，這種結果是虛假的。好比你玩刮刮樂中了獎，就覺得買樂透是很好的投資策略，正是這種想法讓我們很快就會再陷入下一場危機。

生存陷阱是一頭醜陋的野獸，它讓你多活一段時間，自己卻愈長愈大，並且總有一天會突然發動攻擊、無情將你摧毀。

效率是持續獲利的關鍵。深陷危機，你就會沒效率；遇到多事之秋，我們就會為了賺錢不惜一切代價，逃漏稅、出賣靈魂樣樣來。遇到危機時，生存陷阱成了我們的慣用技巧，一直到這些生存技能造成更嚴峻的危機，讓我們嚇到不敢重蹈覆轍，更常見的狀況是嚇到我們直接破產。

問題在於，帳戶餘額會計法的運作方式，是把帳戶餘額當成所有可供營運的資金，沒有先考慮稅賦和自己的薪水，更別說獲利了。這導致我們總把焦點都放在營收成長，只顧營收，從頭到尾，始終如一。此外，所有上市公司都必須依法採用所謂一般公認會計原則（Generally Accepted Accounting Principles，簡稱GAAP），這也是多數小公司採行的制度。有了傳統會計制度的加持，注重營收的想法更是深植人心。

傳統會計制度正在扼殺你的事業

從創立之初，或創立後沒多久，公司大多會採用同一個方法來記錄收入與支出：

銷貨收入－費用＝獲利

如果你的做法和其他創業家一樣，就會先算銷貨收入（整體營收），扣除因為提供產品或服務產生的直接成本，再減掉其他營運企業衍生的成本，包括房租、水電、員工薪水、辦公室用品、其他行政支出、業務佣金、請客戶吃飯、公司看板、保險等等，接著繳稅，最後才算身為老闆的你還分得到多少錢（業主薪水、分紅等等）。

我們打開天窗說亮話：創業家幾乎沒拿過什麼像樣的薪水。當然你也可以試試看去跟政府求情，讓你不要繳稅、才有錢付自己薪水——這樣有用才怪！一切都算完以後，剩下的才是公司獲利；如果你的經驗跟大部分的創業家一樣，那麼「最後剩下的」這筆錢根本從來沒出現過。期待多餘的尾數，最後就只能撿到渣渣，或什麼都拿不到。

我們現在採用的這套傳統會計法在一九〇〇年代正式成形，細節定期調整，但核心系統不變：首先編列銷貨收入，再扣除直接成本（因為提供產品或服務而直接造成的成本），付薪水給員工，扣除間接費用，繳稅，支付老闆薪水（業主分紅），保留或分配盈餘（淨利）。不管你是請人作帳，還是把所有收據都塞在床底下的鞋盒裡，會計基本概念都一樣。

GAAP的邏輯完全沒問題，概念就是盡量衝銷量、砍費用，留下收支差額。但人類多半沒邏輯，看一集《新娘哥吉拉》（*Bridezillas*，注：節目名稱結合新娘〔Bride〕與怪獸哥吉拉〔Godzilla〕一詞，展現新娘在婚禮之前變得非常難伺候的樣貌）實境秀就知道了。換句話說，GAAP符合邏輯，但這並不代表它符合「人性」。GAAP不僅取代我們的自然行為，也讓我們相信愈大愈好，因此奮力衝業績，拚命賣，想這樣一路賣到成功，竭盡所能衝高營收數字，就為了要有東西可以留下來，好讓盈虧結算的時候還有淨利。結果我們一頭栽進瘋狂追逐的迴圈，死命追著那些偽裝成商機的閃亮物件（《南瓜計劃》的小粉絲們，這裡指的就是「小南瓜」啦！你懂）。

在這一串漫無章法、一味追求成長的路程上，費用在混亂中節節高升。一路上，我們邊走邊撒錢，反正所有費用都是必要支出吧？誰曉得？我們忙得要死，顧著拚業績、如期完成客戶交辦的事項，哪有空管費用的影響啊！

我們試圖減少開支，卻沒在看投資報酬率，也沒去想該怎麼把錢花在刀口上，才能用更少錢做更多事。我們沒辦法減少花費，業務愈多元，經營成本就愈高。大家都說想賺錢就要先花錢，但沒人告訴我們，這句話在現實生活中代表的意義其實是：花更多，賺更少。

我們的怪物愈長愈大，食慾開始失控。現在，我們得花錢養更多員工、買更多東西，還有數不清的雜項。怪物持續長大，愈長愈大，我們的問題還是一樣，只是變大了：更多空蕩蕩的銀行帳戶、信用卡帳單愈疊愈高、貸款愈積愈多，「必須支付」的費用與日俱增。很耳熟嗎，法蘭肯斯坦博士？

GAAP的核心問題在於不符合人性。不管賺多少錢，我們總是有辦法全部花光光、一毛都不剩，而且每一筆花費都很正當。過不了多久，無論銀行帳戶裡有多少錢，終究會歸零，我們還是得努力付清所有「必要」花費。直到這時，我們才發現自己已經落入生存陷阱。

第二個問題在於，GAAP教導我們優先考量銷售和費用。這一點也違反人性。所謂的「初始效應」（Primacy Effect，下一章會詳細說明），指的就是我們會優先關注先出現的訊息（銷貨收入與費用），忽略最後出現的項目（獲利）。沒錯，GAAP讓我們無視獲利。

有句格言說：「有辦法測量，才有辦法做好。」GAAP要我們先算銷售金額，於是我們發了瘋似狂衝銷售，把費用視為必要之惡，一切都是為了——更多的業績（你猜對了）。我們花光積蓄，深信不這麼做不行。用一些漂亮詞彙，「收益留存」啦、

「再投資」啦，自我感覺良好一點。獲利？你的薪水？最後再說，撿剩下的。

GAAP還有一個問題就是超級複雜，你得雇用會計師才能正確記帳，而且你如果追問會計GAAP的細節，他們通常也會被搞混。會計系統會改變，而且隨人解釋。我們可以利用GAAP美化報表：把幾個數字挪一下，改變認列項目，數字就大不相同了。這種事情問安隆（Enron，注：安隆曾是全世界最大的電力、天然氣以及電訊公司，二〇〇一爆出做假帳、掩蓋公司虧損，隨後倒閉）就對了，公司都要倒了，帳上還能認列獲利，實在有夠噁心。

在我們進一步之前，我想先確定在討論獲利的時候，我們想的是同一件事，因為會計師講的「獲利」可能跟我們的認知天差地遠。

講個故事讓你知道我在說什麼。我寫《衛生紙計劃》的幾年前，我坐在會計師的辦公室裡，看他用鉛筆在筆記本上寫了一些東西，又擦掉了一部分，再寫上新的筆記。接著，他回去看著自己的電腦，敲打幾個鍵，點陣式印表機就吐出了一份報表。

「嗯，跟我想得一樣。」凱斯說，他的臉上掛著約翰藍儂（John Lennon）式的圓框眼鏡。

「怎麼了？」我問。

「你今年獲利一萬五千美元。恭喜，還不賴。」

那一瞬間我為自己感到驕傲，有獲利太爽了，我忍不住想好好表揚一下自己。但不一會兒，我心頭一沉想到：現金去哪裡了？公司的保險箱裡一毛錢也沒有，我的口袋更是空空如也。

我想不到答案有點窘，只好接著問：「嘿，凱斯，獲利咧？」

他指著剛剛印出來的報表，拿出他那帥氣高級的HB鉛筆，在紙上畫了個圈。

「對，我知道報表上有獲利。但現金去哪了？我要把錢領出來慶祝一下，好好享受獲利。」

一陣尷尬的沉默。凱斯很努力不要讓我覺得自己太笨，他看著我說：「這是會計上的獲利。你已經把錢用掉了，帳上的獲利不代表你真的有現金，事實上，你的狀況就是錢已經沒了，帳上只是紀錄已經發生的事情。」

「你的意思是公司有獲利，但銀行帳戶裡沒有真正的『獲利』可以領出來？」

「就是這樣。」凱斯用約翰藍儂的調調回我。

「馬的，什麼鬼。」

「可能明年吧！」凱斯說。

明年？為什麼要等到明年？為什麼不是從明天開始？我忍不住想。

會計師對獲利的定義和創業家不同，他們講的是會計報表最底下那虛假的數字；我們對獲利的定義則非常單純：銀行戶頭裡的現金。冰冷的、實體的現金，而且是我們的。

不論是一天的起點或終點，還是中間的任何一刻，只有現金是真的，是公司的生命線。你手邊有現金嗎？沒有就完了，有錢就可以活下來。

GAAP的設計目標從來不只是管理現金，而是幫助你了解企業所有環節的系統。財務三大報表分別是：損益表、現金流量表，以及資產負債表。你必須了解這三張表（或是和了解這些報表的會計師、記帳師合作），才能全面了解自己的公司。這三張報表功能強大，也是極好用的工具。但GAAP的本質（銷貨收入扣除費用等於獲利）錯得離譜，這個公式只會養出怪物，是科學怪人方程式。

要成功經營一家有獲利的公司，就要有超簡單的現金管理系統，最好幾秒內就看得懂，完全不需要會計師幫忙。我們需要為人類設計的系統，而不是為外星人打造的機制。

我們需要一套系統讓我們即時了解公司財務實況，我們一眼就知道自己要做什麼才能讓公司更健康，或維持健康狀態。這套系統要告訴我們，實際可以花多少錢、需要預留多少錢，而且我們不需要為了系統調整習慣，系統自然會配合我們的習慣運作。

這套系統就是獲利優先。

獲利優先為人類而生

在《星艦迷航記》（*Star Trek*）中，外星人史巴克多次看著柯克艦長的眼睛說：「這完全不合邏輯。」嗯，柯克艦長跟你一樣是人類，人類就是沒邏輯，我們是長著猴子腦、有情緒的生物。我們喜歡閃亮亮的物品、撐死也要吃免費披薩；根本沒養貓，只因為在特價就買下十二磅的貓食（好吧！最後這點可能是我的問題）。但同時，我們也知道要相信直覺、走捷徑，隨時發揮創造力，如此一來便能加速前進的步伐，處理更多事情。

如果你像史巴克一樣，是個超級講求邏輯的半瓦肯人（注：瓦肯人是電影中設定的

外星族群，以信仰嚴謹的邏輯推理聞名，史巴克則是人類與瓦肯人的混血），除了耳朵尖尖的、制服特別緊身之外，你也會乖乖依循所有會計步驟來精確紀錄數字。每週你都會好好研讀損益表，把資訊列入資產負債表中，當然還要分析現金流量。接著，你會計算所有重要比例，例如營業現金比例（OCR），並且按照各項比例來編列預算並做預測。接下來，你會評估相關的關鍵績效指標（KPI）。做完所有事情之後，你就會對自己任一時刻的獲利瞭若指掌。但你根本不會這樣做，對吧？還差得遠呢。我就做不到。老實說，我到現在都還看不太懂些報表（這是為什麼我僱用了好幾個史巴克——會計師和記帳士）。我跟你一樣是人類，而且我強烈懷疑你就是柯克艦長。這樣很好，這表示你非常適合領導公司星艦，以超光速航向獲利。

身為人類，你多半會有一些特定習性。你應該是每隔幾天就會登入銀行帳戶，甚至一天登入好幾次，看看帳戶餘額還有多少。你大概會依據自己看到的數字，憑感覺做出決策。存款多就心情好，事業蒸蒸日上！快帶客戶去喝瑪格莉特喝到飽！買台足球遊戲台放辦公室！沒錢的時候就陷入恐慌，該打電話催收帳款了！把足球遊戲台賣掉！把自動販賣機賣掉！賣光椅子、反正整天坐著對身體不好！同時心想，要是有人帶**你**

去狂喝瑪格莉特就好了。就是這樣尋常不過的人類行為，讓我們不經意將公司維持在不斷改變的狀態。

好消息來了，朋友。我設計的這套獲利優先系統就是要讓你不用改變自己的習慣，這是關鍵。過去，你一直有機會改變自己、弄懂財務報表，確認應付帳款和應收帳款數字已更新，確定沒有超支、確認所有財務比例正確無誤。如果你都做到了，你就能隨時掌握公司獲利。但這只有史巴克和會計師才做得到（實際上，也沒有幾個會計師能做到），大部分的創業家最後還是回歸看帳戶、憑直覺做事的循環。為什麼？

查爾斯．杜希格（Charles Duhigg）在著作《為什麼我們這樣生活，那樣工作？》（*The Power of Habit*）提到，人性讓我們在遇到壓力的時候，自然回到既有習慣。你猜怎麼著？創業就是長期處在揮之不去的壓力之中。因此，我們開始找捷徑、找快速妙方；解決財務問題時更是如此。好消息是，獲利優先完全符合你的習慣，與你查詢帳戶餘額的捷徑一致。獲利優先無可迴避，設計也與一般人的習慣互補，因此可以順利運作。

本性難移，何必試圖改變？不如反其道而行，採用符合既有習慣的系統。

獲利優先是會計的前哨站，它會警告你什麼時候該認真研究複雜的會計報表（而且要和夠格的會計師或記帳士一起看）[2]，讓你隨時掌握現金狀況。你會清楚知道自己的獲利能力、稅款準備金、你的薪水、剩下多少錢經營公司，以及許多多相關資訊。

從此過著幸福快樂的日子

《科學怪人》的結局是文學作品中最暖心的圓滿結局之一（以下有雷）。法蘭肯斯坦博士和科學怪人深談之後，接納了彼此的差異，兩人成為好友，並攜手打造一間深獲大眾喜愛的冰淇淋品牌「法蘭克與史坦的冰淇淋店」（Frank & Stein's，注：「致敬」美國知名冰淇淋品牌 Ben & Jerry's），事業一帆風順，我每次都看到哭。

開玩笑的啦！如果你有看過《科學怪人》就知道，科學怪人最後毀了法蘭肯斯坦博士的人生，他失去了妻子、家人與對未來的希望。於是，法蘭肯斯坦博士決定以牙還牙，決心親手毀掉自己創造出來的怪物。在追殺科學怪人的過程中，法蘭肯斯坦博士自己也受到傷害，最後在潦倒中失去生命，科學怪人就站在他身後不遠處。《科學怪人》的故事與創業之路相似得令人汗毛直豎，變成怪物的公司撕裂婚姻與家庭，有些創業家甚至無法再指望人生會好轉。我們創造的事業奇蹟最終可能帶來無盡的痛苦，每當痛苦來襲，創業家對公司的情緒，往往和法蘭肯斯坦博士對科學怪人怨恨如出一轍。

但你可以寫下不一樣的結局，你的故事可以圓滿落幕。好消息是，雖然你的公司看起來是控制你人生的怪物，但同時它也擁有強大的力量。無論你的營收是五萬、五十萬、五百萬、甚至五千萬美元，公司都可以成為一隻金雞母。

永遠不要忘記你的「怪物」具備多強的力量，只是你要知道如何指引並駕馭它。只要學會這套簡單的系統，你的公司就不再是一頭怪物，它會轉變成一頭溫馴、熱愛草坪的金牛，而且還是夭壽強的一頭牛。

我接下來要分享的內容會讓你的公司立刻賺錢，而且肯定賺。不管公司規模多大，你有多長一段時間都過著帳單一張一張繳、恐慌一陣一陣來的崩潰日子，月復一月、年復一年的痛苦過後，你即將要看到獲利，而且會持續獲利。你不用再撿菜尾，從現在開始，你要第一個開動。

就這樣。解決財務問題的方法只有一個，就是面對財務狀況。你不能忽視公司財務，也不能交給他人處理，你得自己管好那些數字。好消息是，管理過程超級無敵簡單，你只要再多讀幾個章節，就能完全弄懂並且執行這套流程。

馬上行動：寄信給我

該下定決心，承擔責任了吧。現在就寄信給我（請寄到Mike@MikeMichalowicz.com），主旨欄寫上「我已下定決心」，讓我知道你會以獲利為首要目標。告訴我你會盡一切努力，從今以後持續獲利。請讓我知道你決定全心投入，寫信給我，下定決心，讓我們攜手並進。

第二章
獲利優先的基本概念

你可能會想，女兒拿小豬撲滿給我，要救我脫離財務泥淖，會迫使我做出改變。

你錯了。

那一年的情人節確實是我人生的轉捩點，問題是，我根本不知道該從哪裡、或如何開始改變。現實世界不像電影，醍醐灌頂的時刻往往和電影畫面不一樣。我的人生並沒有響起電影《洛基》（*Rocky*）的主題曲「虎之眼」，激勵我進入訓練模式。並不是吞幾顆生蛋、狂揍債務幾拳，它就會乖乖聽話。我也沒能一路衝上階梯，高舉拳頭宣告創業生涯起死回生。正好相反，我墜入深層的黑暗期，心情低落、輾轉反側。我羞愧得要死，為了我所做的蠢事、為了我的刻意隱瞞，也為了沒有勇氣告訴老婆我把狀況弄得多糟而無地自容。

講這一段並不是在討拍，是因為你可能也有過類似經驗，而我希望你知道，你並不孤單。如果你從未把自己逼到那步田地，那我要告訴你，這一切都可以避免。我發自內心相信，獲利優先可以拆除公司裡那顆未爆彈。

我面對絕望的方式就是買醉（其實是喝啤酒，大量的啤酒）。我其實不是什麼酒鬼，開始喝酒只是為了逃避現實。這個選擇讓我更覺丟臉，極力想隱藏，如果癱軟在沙發上狂看購物節目、身邊堆滿百威啤酒罐還不算太明顯的話啦……想像一下那個場景，我穿著白色汗衫，上面灑滿奇多起司玉米棒的屑屑。不太美觀對吧，而且我根本就**不喜歡**奇多。

明明有兩千九百七十六個電視節目可以選，為什麼我要看購物節目？因為我搞砸了一切之後，第一個捨棄的就是有線電視，我只能靠室內用的兔耳型天線接收電視訊號（年輕人，不知道請去Google），只有五台可以選。到了凌晨三點，這些電視台就會開始賣最新的蔬菜研磨盒或電極腰帶，全都標榜能為你打造健美肌肉。

購物節目看膩了，我轉到公共電視網（PBS），看著健身專家對棚內觀眾解釋，說明深夜瘦身頻道推崇的那種快速瘦身法成效不彰，也無法持久。專家直言，我們真正需要的是簡單的**生活型態**調整，不經意巧妙改變飲食習慣。那他第一個調整建議是什麼呢？改用小一點的盤子。

這段話吸引了我。我繼續聽這位專家解釋，他說人都習慣把盤子裝滿，而且因為要聽媽媽的話，我們總是會把盤子裡的食物吃得一乾二淨（話說我到現在還是不懂老媽的邏輯——非洲有很多小孩餓肚子，所以我應該要把自己塞飽？）這種「吃光光」的習慣已經深植我心，你肯定也差不多，可以說是根深柢固的觀念。挑一天改變習慣易如反掌，但要永遠改變習慣就很難了。這也是為什麼很多減肥的人後來復胖、大部分的人新年新希望撐不到一月底，也正是你很難好好克制花費的原因。

我繼續看下去。那位健身專家說，我們用小盤子的時候，夾的菜也會比較小份。如此一來，即便我們還是維持多年養成的習慣，繼續把盤子裝滿、把菜吃光，還是可以減少卡路里攝取。

聽到這裡，沙發上的我坐直身子，腦袋因為受到新啟發而轉個不停。解決方式並非改變既定習慣，畢竟江山易改本性難移，要永久轉變幾乎不可能；我們應該反過來改變周遭的架構，並且**善用**那些習慣。

我這才意識到：我們公司賺的每一分錢都被我放到超大盤子裡，被我全部吃光，所有的錢都用來經營公司。收入全部進到同個帳戶，也就是我的營運帳戶，而我就這樣把收入「吃光光」。

說來讓人心痛，但我向來不擅長金錢管理。公司狀況好的時候，我往往自認很會管錢；但回頭看才發現，根本就沒那回事。我以為我很懂得謹慎理財，可能是天性如此，也有可能因為我是天才創業家；但實際上，我只有在被強迫的時候才會好好用錢。我創立的第一間公司是電腦網路整合公司（也是現在常說的管理服務提供商），當時的我身無分文，但還是順利銷售、提供服務、維持公司營運。我找到不花錢就能做事的方法，那是因為我真的沒錢。

隨著公司成長，我也開始花錢，賺愈多、花愈多。當時我深信——啊更正——我堅信，所有花費都是必須的，我們要買更好的設備、換一間更棒的辦公室（沒裝潢好的地下室算什麼辦公室嘛），也要雇用更多員工，我才能專注銷售。銷售成長每進一步，我就會同步付出心力打造基本設備、增加人力資源、租用最好的辦公空間，每一項都是「費用」花裡胡哨的同義詞。

圖二　收入vs. 成本

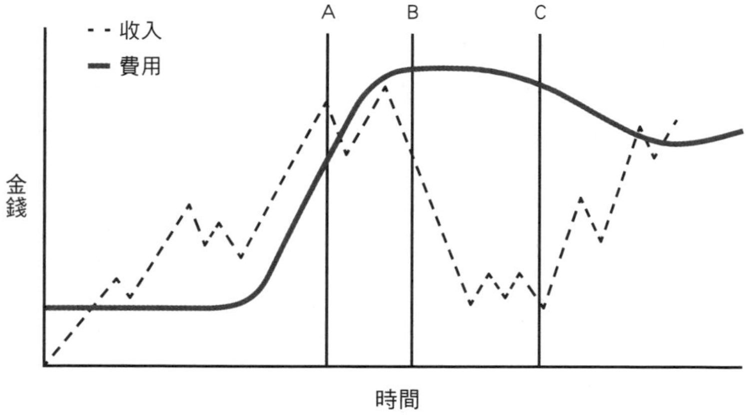

失去一切之後，我發現自己做事總是會把眼前所有的資源花光。給我一百美元，我可以把事情做好，給我十萬美元，我一樣能做到。沒錯，手上有個十萬美元確實比較好做事，但也更容易出錯。有十萬美元可以花的時候，浪費個幾百塊一點感覺也沒有；但只有幾百塊時浪費個一、兩百塊，強烈的心痛就會立刻襲捲而來。

回顧過去創立公司的經驗，我發現自己讓公司快速成長之後，還是以「帳單一張接著一張」的方式過活，一直到把公司賣掉才真的賺錢。隨著現金流入增加（圖二裡的虛線），我的支出也以差不多的速度增長（實線）。只有在收入驟增、我來不及以相同的速度增加支出的時候，公司才有獲利（A點）。但我很快就又拉高支出來支應「銷售新高」（B點）。接下來，銷售一回落或驟降，此時費用還是維持在高點（C點）。換句話說，我開始累積虧損，也因此急著想不惜一切代價，趕快衝高銷售（如此一來，又可能進一步推高支出）。

公共電視網接著撥放早晨兒童節目，我把電視調成靜音，試著釐清思緒（電視裡，《芝麻街》（*Sesame Street*）那位愛數數的吸血鬼伯爵（Count von Count）正在做一樣的事）。要是我縮小公司營運帳戶的「盤子尺寸」，就會改變我花錢的方式，那麼我該做的就不是抑制花費習慣，而是創造一種經驗，讓我手上的錢比實際擁有的錢還少。這樣一來，我自然會找到方法，用比較少的錢做相同的事。我怎麼知道這招有用？數百萬人的薪資單就是證明。想想我們的退休金帳戶401(k)扣除額（注：一九八一年美國政府創立的一種延後課稅的退休金帳戶計劃，相關規定明訂在《國稅法》第401(k)條中）。理查．塞勒（Richard Thaler）和凱斯．桑思坦（Cass Sunstein）在合著的經典著作《推出你的影響力》（*Nudge*）中提到，只要加入401(k)計劃、開設專用帳戶，多數人都不會停止扣款。關鍵在於啟動計劃就會同時增加存款，也會依據薪資扣除退休金後所剩的錢，調整生活習慣。

如果401(k)退休帳戶和一般存款帳戶一樣，大家就很容易受誘惑、一不小心就隨心所欲，把錢領出來花。但持有401(k)帳戶的人不會這麼做，因為想要提早從這個投資帳戶領錢出來會被罰款，沒辦法想提就提。同理，我可以用一樣的方法讓自己相信手邊只有「小小一盤」錢可以用（不是小小一盤，加上旁邊那一大鍋Crock Pot慢燉鍋），也會因此改變作為。

但「其他錢」要拿來**做什麼**？我能不能用來——小心，別被嚇到——**支付我自己的薪水？**繳我的稅？

嘿，等等，再想一下。我能不能**先**把一部分的錢當成獲利，剩下的再拿去繳帳單？

這就是我靈光乍現的瞬間：何不讓獲利**優先**？

身為一個用「側重營收」的概念打造兩間公司的男子，這個想法簡直是天啟。清晨六點，我滿身酒味、上衣沾滿起司屑屑、頭髮亂翹的程度樂勝愛因斯坦，脫口而出的內容像滿口瘋話。誰敢先領取獲利？我敢。

獲利優先的四大核心原則

我們花點時間來談談減肥科學，拜託別哀哀叫，這東西很好玩的。

二〇一二年，柯特・范・伊特森（Koert Van Ittersum）和布萊恩・萬辛格（Brian Wansink）在《消費者研究期刊》（*Journal of Consumer Research*）上發表了一份報告，研究指出，一九〇〇到二〇一二年間，美國人用的盤子尺寸平均增加了二三％，直徑從二十四公分增加到三十公分。經過計算，報告分析盤子變大造成每個人每天多攝取了五十卡路里，每年會增加大約兩公斤。年復一年累加上去，就成了大胖子。

不過，用小一點的盤子只是其中一個變因而已，就算用小盤子裝，奶油夾心蛋糕Twinkies（注：美國人的國民甜點，海綿蛋糕裡面塞滿奶油，小小一根一百三十五大卡，跟半碗白飯差不多，可謂垃圾食物的代表）的熱量還是不變。健康飲食還包含很多面向，奠基在減重與營養生活的四大核心原則之上。

一、用小盤子。用小一點的盤子可以創造連鎖反應。盤子變小、吃得變少，攝取的熱量也減少了，減少卡路里攝取通常也代表你會開始減重。

二、按順序吃。如果你先吃富含營養和維他命的蔬菜，就會有飽足感。吃到下一道菜（起司通心麵或馬鈴薯泥，還有，馬鈴薯泥不是蔬菜！）時，自然會少吃一點。調整餐點順序，先吃蔬菜，讓飲食更營養均衡。

三、移除誘惑。移除所有誘惑，不要放在用餐區。人都會因為方便而受誘惑，如果你跟我一樣，不管肚子餓不餓，看到廚房放著一包多力多滋（Doritos），就會聽到它的聲聲呼喚。不過，要是家裡完全沒有垃圾食物，你大概也不會特別跑去店裡買（開玩笑，出門還得穿褲子咧！）而是會選擇吃家裡剩下的、健康的食物。

四、設立節奏。等到餓了才吃就太晚了，你一定會狂吃猛吃，很可能拿太多、吃太撐。你從超餓到超飽，再回到超餓的狀態，這種波峰波谷的飢餓循環會讓你攝取過多的卡路里。反之，規律進食就不會餓（很多研究都建議一天吃五餐），避免產生波峰、波谷可以減少熱量攝取。

看來，健身界的人很清楚怎麼建立健全的企業，雖然他們並不自覺。我們來一一檢視這些原則：

原則一：資源愈多，花得愈兇

發現這四條健康定律之後，接下來的幾年我持續鑽研這些原則的重要性。公共電視網上的健身專家提出的四大原則都以行為科學為基礎，當你了解行為背後的驅動力，就知道如何利用自己的習慣。行為科學讓你有能力壓制你最大的敵人：你自己。

我們先從小盤子說起。一九五五年，現代哲學家西里爾・諾斯古德・帕金森（Cyril Northcote Parkinson）提出了違反直覺的「帕金森定律」（Parkinson's Law），該定律指出，對某件事物的需求會隨著供給增加而擴大。這種需求在經濟學上稱為「誘發需求」（induced demand），這也是為什麼長期來看，不斷拓建道路無法減少交通壅塞的程度，因為總是會有更多車子出現，塞滿新的車道。

換句話說，在西班牙風味小館，菜都是用小盤子端上來的，你就會吃比較少；但如果你去龐德羅莎（Ponderosa）這種吃到飽餐廳，拿著直逼人孔蓋大小的盤子，就會吃到食物滿到耳朵，畢竟餐廳都說吃到「飽」了，怎麼能不奉陪到底？

同理，要是客戶要你一個禮拜交件，你八成會做滿一週；但如果只給你一天，你就會在一天內趕完。從這裡可以看出，我們的東西愈多，就用得愈兇，放之各項事物而皆準：食物、時間，甚至是牙膏。

如果你手邊有一條全新的牙膏，你會擠多少出來？鐵定是一大坨吧？有什麼不可以？反正有滿滿一整條。你在牙刷上擠了長長一條牙膏，開始刷牙之前，先打開水龍頭，稍微濕潤一下牙刷，結果就……馬的！整條牙膏掉到水槽裡了。但管他的，對吧？你才剛換一條新牙膏耶！拜託，牙膏多得跟什麼一樣。於是你再擠一大坨上去，開始刷牙。

但如果今天你打開櫥櫃抽屜，看到的是一條快用完的牙膏……啊啊！這下狀況完全不同了。你會超用力擠啊、扭啊、轉啊，然後伸手拿起牙刷，暫時微微鬆開握緊牙膏的手，這時，被擠出來的那一小坨牙膏就像看到手持棍棒的三歲小孩的烏龜，把頭火速縮回殼裡。此時此刻，你很想大罵髒話卻做不到，因為你已經進入擠牙膏的第二階段：用力咬管身。你手口並用，嘴巴邊咬、一手邊繼續擠加扭，另一隻手拿著牙刷，拚命嘗試、要把牙膏弄出來。最後，你成功擠出一小點牙膏，夠你維持口腔清新。

我們依據手邊有多少資源改變的幅度是否有些可笑？這就是有趣的地方：帕金森定律指出，供給不足的時候，會引發兩種行為。第一種顯而易見：你會更節省。牙膏少的時候，你刷牙就會少用一點，這個不難理解。但還有一項影響更大的結果：你會變得超級有創意，找出各種方法把最後一點點牙膏弄出來。

了解帕金森定律會永遠改變你和金錢的關係。你要刻意減少手邊可以用來刷牙（經營企業）的牙膏（金錢），錢少了，你自然而然就會用比較節儉的方式經營事業（很棒），也會更有創意（超棒）。

如果你一開始就把獲利抽取出來，放到你看不見的地方，就像留下一條快用完的牙膏，剩一點點錢可以經營公司。這時，你就會找到花費較低，但結果相同、甚至更好的作業方式。先扣除獲利會強迫你變得更加聰明而創新。

原則二：為什麼要獲利「優先」

第二個你應該知道的個人行為原則是「初始效應」（Primacy Effect），意思是我們會格外重視先映入眼簾的東西。在此我舉個簡單的例子，助你了解何謂初始效應。

接下來我會列出兩組詞彙，其中一組用來形容罪人，另一組形容聖人。你的目標是要盡快判斷哪一組對應到哪一種人，懂了嗎？很好，現在就看看下列這兩組詞彙，並且判斷哪一組是罪人，哪一組是聖人。

一、邪惡、厭惡、氣憤、快樂、關懷、愛

二、愛、關懷、快樂、氣憤、厭惡、邪惡

乍看之下，你很可能會覺得第一組詞彙是在形容罪人，第二組則是形容聖人。如果你有這樣的反應，很好，代表你是個人類，體現初始效應，也代表獲利優先對你很管用。如果你在做測驗的時候試圖看出蹊蹺，那也很恭喜你，代表你是個樂於突破舊體制的創業家（英語閱讀一定要由左到右就是一種舊體制），這樣的你也很適合採用獲利優先。

現在回頭看看兩組詞彙，你會發現詞彙一模一樣，只不過換了順序。

當你看到前兩個字是「邪惡」與「厭惡」的時候，大腦就會把重點放在這裡，較不重視其他詞彙。先看到「愛」與「關懷」亦然。

如果按照傳統的公式計算：銷貨收入－費用＝獲利，我們自然會特別重視前兩個詞，**銷貨收入**和**費用**，最後才去想**獲利**，並依循這個邏輯辦事。拚老命去賣東西，再把賺到錢的拿來支付費用，最後就陷入這個不斷賣東西來繳錢的循環，周而復始，想著為什麼始終沒有獲利。你說說到底誰才是罪人？

如果把獲利擺在第一位，它就會成為重點，絕對不會被遺忘。

原則三：消除誘惑，把獲利放在看不到的地方

Twinkies 出的巧克力口味奶油蛋糕 Chocodile 裡頭塞滿奶油（還是愛心形狀），是我心頭好，也是我的致命傷，好險現在停售了。[1] 不過要是有一條 Chocodile 在我家出現，即使一九七二年就過期了，我還是會火速吞掉這個充滿愛與單元不飽和脂肪的神藥（注：作者影射美國的都市傳說：國民甜點 Twinkies 永遠不會壞。一九七〇年代，有一名自然科學教師留下了一條 Twinkies，就這樣一直放著，直到他退休還繼續傳下去，號稱放了超過三十年沒壞）。現在，我總是確保身邊只有健康食物，絕對看不到垃圾食物。

金錢也是一樣。執行獲利優先的時候，我們要好好善用「眼不見為淨」的強大力

量。隨著你開始獲利（別忘了，就從今天開始），你要一邊把錢挪走，讓自己無法立即取用。把獲利放在看不到的地方，就不會去拿。接下來，就像其他你無法輕易取得的東西一樣，你自然會找到運用既有資源做事的方式，不會去肖想自己沒有的資源。然後，當金主巴菲特先生（嗯哼，你的獲利帳戶）放錢出來，你的獎金就有著落了。

原則四：設立節奏

設立節奏可以讓我們避免因為太過飢餓而暴飲暴食，同樣的道理也可以運用在金錢管理上。等我們建立固定節奏（我到了第六章會更深入說明每月兩次的手法，我稱之為一〇／二五法則），就不會陷入反射狀態，存款多就暴走撒錢，現金水位低就崩潰恐慌。我的意思不是說錢會自己冒出來，也不是指你永遠都有現金可以花，而是設立節奏可以把你從日復一日的恐慌之中拉出來。

實際上，設立節奏也可以反映整體現金流。這套系統是衡量現金流量最好用的工具，你不用看現金流量表（摸摸你的良心，上次看是什麼時候？）只要查詢帳戶餘額就可以看出現金流了，反正你一定會查存款。

當你抓到現金管理的節奏，就能隨時為公司把脈，每天靠查詢帳戶監測現金水位。登入系統、花兩秒鐘看帳戶餘額，登出，立刻了解現況。你可以把現金流想成一波波拍打沙灘的海浪，如果一波現金大浪來襲，你會馬上注意到並且採取行動（這種時候就要在專家的協助下，好好看報表）。如果是小波瀾，你一定也會發現。通常現金波浪都很正常，不需要做任何處理；但無論如何，你都可以隨時掌握最新情況，因為你做的是自己習慣又常做的事情：登入銀行帳戶。

心法 但如果我總是把獲利挪到一邊，公司要怎麼成長？

很多人都會問我這個問題。希望看到這裡，我已經成功說服你：盲目追求成長的結果就是公司破產倒閉。但這並不代表成長不重要，或是不該追求成長。

有好幾年的時間，我總是反覆談論成長策略，也寫了很多本書講述如何創造快速而實質的成長（例如《高飛計劃》〔Surge〕）。但就像大部分的創業家一樣，過去我總覺得成長與獲利只能二選一，不可兼得。但我錯了。

後來我發現，把獲利擺在第一位的公司，才能創造快速而穩健的成長。這並**不是**因為他們把錢再放回公司；把獲利拿來再投資的企業並不真正具備獲利能力，他們只是暫時拿著一筆錢（假的獲利），再把錢花掉——和其他費用一樣。

獲利優先系統可以催生更快速的成長，因為它讓你轉換、重塑公司的獲利能力。當你把獲利擺第一，只要看一下公司營運狀況，就能馬上知道自己能不能承擔眼前的費用，也知道公司是否夠精實、利潤設定是否恰當。如果你發現優先領取獲利之後就付不出帳款，那就要好好思考前述那些問題，並進行修正。

把重點放在獲利也可助你了解哪些業務賺錢、哪些賠錢，這時經營方向就會變得更加清晰——有賺頭的就多做一些，沒賺頭的就做出調整，或果斷放棄。你自然會把重心放在能賺錢的業務，日益精進，隨著你在客戶需要又喜歡的業務上更上層一樓，他們也會更加喜歡你。如此一來，公司就會成長得更快、更穩健。喔耶！

像心臟外科醫師這種專業技術人員都很清楚這個祕訣，不斷自我精進，把幾件事情（比方說心臟手術）做到頂尖，就可以吸引到最好的客戶、獲得最高的報酬，並且逐漸成為世界知名的角色。反之，一名什麼都看的醫師（從指甲倒刺看到疹子，兼看咳嗽和感冒），對所有事情都不專精，最後就只能吸引到普通客群。一旦患者的病情惡化，例如咳嗽的病人原來有心臟病，這名醫師就只能把病人轉介給專科醫生（在這種情況下，專科醫師才是最終因為提供服務而收取保險費的人）。專科醫師住的是鎮裡最大的豪宅，一般醫師連學生貸款都還不起。

要長到最大、長得最快，你得成為單一領域的第一名；而要稱霸業界，就必須先搞清楚自己哪一方面最厲害，再把這件事情做到最好。而要走到那一步，你得先把獲利擺在第一位，接著你自然而然就會知道，哪個方面你做得最好。

新會計公式

現在你已經弄清楚做事情背後的心理模式了，下一步就是要建立一個符合習慣的系統。我們先從最簡單的新獲利優先公式開始。

銷貨收入－獲利＝費用

你接下來要學的內容一點也不新（甚至對你來說也是），我猜你早就意識到了，就算沒有完全了解，應該也加減知道，只是從來沒去做——就是把「先付自己薪水」、「小盤小分量策略」、「阿嬤的私房錢管理系統」以及你既定的習慣、人類本能，全都結合起來的概念。

應用四大原則的方法如下：

一、用小盤子。錢進到你的主要「收入」（Income）帳戶之後，這個帳戶就只是用來把菜移動到其他帳戶的餐盤，你會定期把錢從收入帳戶依據一開始定好的比例轉到其他帳戶。基本帳戶總共五個，每個帳戶的用途各不相同：收入、獲利（Profit）、業主薪資（Owner's Comp）、稅款（Tax）、營業費用（OPEX）。我們先從基本款開始，進階使用者可以額外新增其他帳戶，我會在第十章中詳細說明。

二、按順序上菜。永遠、**永遠**要先按照既定比例把錢分配到不同帳戶。絕對、千萬、永遠不要先繳帳款。錢會從你的收入帳戶轉到「獲利」帳戶、「業主薪資」帳戶、「稅款」帳戶以及「營業費用」帳戶，最後只能用營業費用帳戶裡面的錢來繳帳單，沒有例外。如果錢不夠繳費呢？這**不**代表你要從別的帳戶提款，**而是**公司在提醒你：你付不起這些錢，不能再花了。消除不必要的支出可以讓公司更健全，好轉的程度超乎你的想像。

三、移除誘惑。把獲利帳戶和其他會「誘惑」你的帳戶挪到你拿不到的地方，要取得那些錢不但非常麻煩、還得付出代價。如此一來你就不會被誘惑而去「借」（或是「偷」）自己的錢。設立問責機制，除非有正當理由，否則一律不許提款。

四、設立節奏。每個月分配兩次款項並繳款（講明確一點，每個月的十日和二十五日各做一次），不要等帳戶裡累積一大筆錢才付款。建立每個月分配兩次收入、繳兩次款的節奏，才能看出現金累積的情形，還有錢用在哪裡。這樣才是真正重複且頻繁地控制現金流，而不是憑運氣與直覺來管理現金。

我開始把小盤子哲學應用到自家公司的財務管理上時，我正在當別人的顧問，並四處演講談論創業議題。我也把新的獲利優先系統運用到我唯一存活的投資案（Hedgehog

Leatherworks）。在那之前，我已經不再靠著酒精和購物台解決問題，也不再低潮。當時，我第一本商管書籍《衛生紙計劃》已經到了收尾階段，我在裡面加了一小段文字介紹獲利優先。書籍上市後，我不斷調整這套系統，持續探索並應用到生活中，一切都因此而不同。我和其他創業家開始執行獲利優先系統，結果相當成功，對我、對他們與我的讀者都是如此。

抱著對創業的熱情、**現在**就想獲利的決心（現在，而不是未來某一天），我決定要讓這個系統更加完美。在持續改善系統的過程當中，我發現其他創業家和企業領導人靠著帳單一張接著一張的模式經營公司，他們都亟需獲利優先系統。同時，我也發現有些創業家和企業主採用了類似的做法，並且功成名就。擁有兩支小聯盟棒球隊的傑西・寇爾（Jesse Cole）在公司成長的同時，還清了近一百萬美元的貸款；創業家菲爾・泰倫（Phil Tirone）打造了營收數百萬美元、又超賺錢的公司。他一直租用同一間小型公寓套房，直到確定獲利夠了，才升級到一房一廳。

接下來，我要分享一些死命追求獲利的個案，還有像你我一樣投入一切，卻只有狀況好的時候才能損益兩平的故事（後者現在也可以每個月獲利，享受心力長出的果實了）。荷西・潘恩（Jose Pain）與佐治・莫瑞爾（Jorge Morales）兩位創業家都是很好的例子，他們創業幾個月後就開始採用獲利優先系統，不只創造高成長，還持續締造每個月七％到二〇％的獲利。

降低標準

在《改變，好容易》（*Switch*）一書中，希思兄弟（Chip Heath與Dan Heath）闡述了「降低標準」的觀念；然而，身為創業家，我們總是習慣「提高標準」，要壯大公司、要活得更加大膽、承擔更多事務。但我發現，有時候提高標準並非增加動能的最佳方式。如果你想獲利，不妨從「降低標準」開始，跨出一小步。我希望你可以跨出這一小步，採取一個簡單、容易的行動，讓你踏上永遠獲利之路。你沒有藉口說不，因為執行起來易如反掌。

現在，我要你建立獲利帳戶。這是開始獲利優先系統的第一步，現在馬上做，打給銀行（或用網路銀行），建立新的支票帳戶，不要卡在到底要開存款帳戶、流通帳戶還是其他類型的帳戶，花五秒鐘想這些事情的時間可是比某種帳戶可多給你的那一咪咪利息還要珍貴。你的目標就是開始執行、不要回頭。

成立新的支票帳戶之後，幫它取個暱稱叫做「獲利」。從現在開始，所有進到你一般支票帳戶的金額，有一％要轉到這個獲利帳戶。轉完之後，才繼續按照原本的習慣經營公司、管理財務。先新增獲利帳戶就好，別去動它（後面我會再說明怎麼用這些錢，在那之前都別動）。

當你拿到一千美元的存款，我告訴你，從今天開始就轉十美元到「獲利」帳戶。用一千千美元可以經營的業務，絕對可以用九百九十美元完成。如果取得兩萬美元的存款，就轉兩百美元到「獲利」帳戶。兩萬美元可以做的事情，一萬九千八百美元鐵定夠，你不會在意那一％，這個門檻很低。

驚人的事情要發生了，你會開始驗證這套系統的功效。你不會因為採用這種做法而一夕致富，但你會得到豐沛的信心，也可以淺嚐一下先存下獲利能夠創造多麼顯著的成效。你的工作就是先持續跨出這一小步，看著獲利累積。沒錯，這筆錢不大，但絕對是獲利。現階段的目標是要贏得你的**心理**認同，要讓你意識到這套把獲利擺第一的陌生做法一點都不恐怖。等到你也進入這股獲利優先的氛圍，就準備好締造更顯著的成果，屆時你已完全站穩腳步，可以繼續建置系統的其他部分，並且會全心去做，義無反顧。

採取行動：簡單的前幾步

一、相信這套流程。真的有用，你只是還不熟悉，所以會抗拒。現在，努力放掉這種抗拒感，不要再墨守成規。第一步就是相信這套做法，證明給自己看。

二、開立一個新的帳戶：獲利帳戶。簡單起見，開個支票帳戶。不要去在意存款帳戶或其他類型的帳戶可能會給你多一點利息，別管那些微不足道的利息差異。你現在的目標就是馬上開始、不要猶豫。

三、把手邊一%的錢轉到獲利帳戶。在這個帳戶中種下「種子」，不要碰它、不要轉出，就讓錢躺在那裡。

第三章
設立七大帳戶

我還是個青少年的時候，我媽在倫茲企業（Lenze Corporation，一家賣特殊機械零件的德商）打工。每兩週，她一繳完帳單，就會把錢分成好幾份。我還清楚記得她坐在廚房餐桌前的身影，她會把手邊的五元、十元鈔票分裝到各個信封袋裡，信封上寫著「伙食」、「貸款」、「社區」、「玩樂基金」與「度假」，還有一個寫的是德文（**nur für den Notfall**），可以粗略翻譯成「急用」。她會把一半的薪水放進「貸款」信封，一五％放「度假」，五％拿來當「玩樂基金」，「伙食」、「社區」和「急用」各一〇％。

雖然上班時數不固定，但我媽開伙的錢總是夠用。我再講清楚一點，我並不是說她手邊的錢金額都一樣，但她的錢一定**夠**。有時候她會因為生病、或是到我的學校當志工而少上幾小時的班（對高中生來說，媽媽拿著德國人偶到班上講德國民間故事真的有夠丟臉……）有些時候她也會加班。她的收入不固定（聽起來很熟悉吧？）但是媽媽的錢從來不會不夠，因為她把錢放進信封之後，就會把信封封起來，等到要用的時候才去拿錢。缺錢的時候，她也絕對不會借其他信封裡的錢來用。她總會一路開到雜貨店，停好車之後才把「伙食」信封打開。

我媽買菜的時候，絕對不會用超過那個禮拜的伙食費。錢少的那週，午餐就吃花生果醬三明治解決，晚餐則吃白飯配豆子；餘裕的時候中午可以吃冷藏肉品，晚餐吃雞肉配飯。如果某個禮拜賺得特別多，就會整天吃德國豬肝腸（但只有我媽喜歡）。所以如果老媽那週工作時數超多，顯然就會多拿工資，我和我姊就會想盡辦法讓她多待在家裡不去工作，這樣就買不起豬肝腸了。是說，如果你沒聽過德國豬肝腸，那你應該要感到慶幸，因為那個東西就是「豬肝做的香腸」。看吧？你也加入討厭豬肝腸的陣營了吧！

你可能會想：「那貸款信封呢？」如果那個禮拜的工資比較少，她也不可能去找貸款公司說這個月要少繳一點。媽媽知道，若她正常上下班，只要四〇％的工資就夠繳貸款了。但我們都很清楚，所謂「正常」其實也沒那麼「正常」，什麼事情都會發生，所以她刻意設立了五〇％的分配比例給貸款。每次都多放十個百分點，這麼一來，無法達到「正常」提撥額的時候，也總有緩衝的空間。所有防線都被突破的時候（這種情況沒發生過，很有可能是她準備充分的緣故），媽媽還有那個「急用」信封可以應急。

我媽不是唯一採用這種信封系統的人，她是「最偉大的世代」（greatest generation）的一員，二戰時，她居住的小鎮幾乎天天被轟炸，她是其中一名倖存者。第一版《獲利優先》出版後，我收到很多讀者來信，說他們的父母或祖父母也用了類似的系統；許多讀者都依循前人的做法，把錢放在信封袋、玻璃罐裡，也有瑞典讀者把錢放在超實用的分隔鐵盒裡。某些層面上來說，獲利優先就是把信封系統應用到企業上，並且使用現代的銀行帳戶進行管理。這套系統對我媽而言非常管用，我想你的家族當中可能也有人成功用過這種做法。要怎麼把這套系統應用到公司裡呢？接下來我會一步一步帶你走過這些流程……不需要信封袋、玻璃罐或實用鐵盒。

帳戶餘額會計法

我把大部分創業家自然採用的現金管理系統稱做「帳戶餘額會計法」，諷刺的是，這卻是會計師叫我們不要做的事。他們總說：「不要看你的帳戶餘額，要看會計帳。」

沒錯，你應該也超愛檢視自家的會計系統吧？就像你喜歡看朋友秀那幾千張「漂漂亮亮」的度假照片、每一張都有「有趣的故事」，看一整天都不會膩——才怪！

如果完全按照會計師的指示，那麼你要做的就是透過會計系統計算手邊有多少現金。你要先調節帳目、確認資訊正確，找到獲利與虧損（P&L）項目，搭配現金流量表，再把資訊寫進資產負債表。接下來，算出重要的財務指標，像是營運現金比例、庫存周轉率、流動比例與速動比例，再把這些項目與關鍵績效指標掛鉤，這樣就知道公司的健全程度了。喔！忘了講，上述事項每週都要做，這樣才能清楚了解公司現況。會計師都這麼說。

但問題來了：我根本讀不懂這些文件和比例，也沒辦法把它們連結在一起。這正是**為什麼**我要雇用會計師和記帳士的原因，光是寫下這堆步驟就讓我頭昏腦脹，瀕臨崩潰。朋友，這真的很糟，超級糟。一想到財務報表我就瑟瑟發抖，要我長時間看那些數字，我一定會躲到桌子底下，焦慮到瘋狂咬指甲（但還是比吃豬肝腸好幾百倍就是了）。

所以我該怎麼辦？其他創業家呢？我們應該回歸到帳戶餘額會計法。那是什麼？就是登入銀行帳戶，記下存款餘額，然後根據看到的數字決定未來的方向。錢少就打電話催收款項、更努力提升銷售；錢多的時候就投資設備、拓展業務。這種做法多多少少有點效果。

帳戶餘額會計法看似可行，是因為我們習慣看一目了然的指標（例如：銀行帳戶裡的錢夠嗎？）再來就相信直覺，採取行動。但這套系統有瑕疵，因為我們好像永遠沒有足夠的錢來支付自己的薪水，而這正是我會提出獲利優先的原因。

獲利優先的設計讓你可以（也應該）繼續採用帳戶餘額會計法。這套系統的基礎是你的銀行帳戶，你可以登入帳戶、看餘額，再依據結果做決策。這些事你本來就一直在做，不需要改變習慣。獲利優先系統只是要你設立多個銀行帳戶，只要登入查詢，你就會很清楚這些錢的用途。打開你的「信封袋」，看看有多少錢、決定怎麼花。想想到底要吃白飯配豆子，還是維也納炸肉排？

採用獲利優先系統，你不用改變習慣，我們只是在你的行為旁邊圍起護欄。我們不只讓你保持一貫做法，甚至鼓勵你這麼做。

五大基本帳戶

看到這裡，你應該已經接受獲利優先的概念。該跨出第一步了：設立你的信封袋或盤子。現在就做，不是以後再說，心動就該行動。

你現在要做的事情是獲利優先系統的基礎，接下來你的獲利就會建立在這個架構之上。如果沒有強健的骨架，肌肉再大塊也沒用，這些帳戶就是骨架。

你要設立以下五個支票帳戶：

一、收入（Income）
二、獲利（Profit）
三、業主薪資（Owner's Comp）
四、稅款（Tax）
五、營業費用（OPEX）

請確定你開的是支票帳戶，支票帳戶比較有彈性，比你把錢放在存款帳戶能拿到的那些微薄利息重要太多了。打電話到銀行開設上述五個基本帳戶，大部分的銀行都會讓你幫帳戶取暱稱，網路銀行的帳戶頁面與帳戶報表除了帳戶號碼以外，也會附上這個暱稱。就像我媽標記所有信封袋一樣，請依據帳戶用途為你的帳戶取名字。

既有的主帳戶也可以拿來當五個帳戶之一，請把它改名為「營業費用」帳戶，因為費用多半會從這個戶頭支付。接下來，我們要把錢都轉到收入帳戶。這件事以支票存款來說應該是小事一樁，把錢直接轉進新戶頭就可以了。如果是其他類型的款項，像是信用卡或電子轉帳（ACH）付款，你就得按需求更新銀行資訊。整套流程大概要花半小時，如果你原本就設定了很多自動轉帳，那大概需要一個小時。花點心力把這件事情解決。

兩個「無誘因」帳戶

在主要銀行設立五個基本帳戶之後，下一步就是要設立兩個「無誘因」帳戶，我們要把你準備要繳的稅放到眼不見為淨的地方，獲利也一樣。

你可能會想：「為什麼要這樣做？我已經在主要銀行設立稅款和獲利的帳戶了，為什麼要設重複的戶頭？」之所以要再多設這兩個帳戶，是要把你從收入裡面分出來的稅款與獲利準備金放到你看不到的地方，當你無法使用某樣東西，就不會去動它。

如果某個物品取得不易，我們多半不會特別費工去使用。獲利是你的，要是可以輕易取得，你就會受到誘惑，想要「借」一點獲利來支應費用。稅款呢？稅款是政府的。我們要確定你絕對不會從這些帳戶借錢（這是好聽一點的講法，講白一點其實是「偷」）。

如果你從獲利帳戶把錢拿出來，再投資到公司裡，基本上就是表明你不願意嘗試新的方法，好好運用你配置的營業費用額度來經營公司。稅款帳戶裡的錢則是你準備要交給政府的，從稅款帳戶拿錢，就是偷政府的錢，我想你也很清楚，這種作為會讓政府不開心。

找一間你從來沒合作過的銀行開立這兩個戶頭，如此一來就不會經常轉帳，也不太會把這兩個帳戶的錢用光（除非稅款提存不足）。因此，你比較不用擔心這間銀行的戶頭會達不到最低結餘要求（注：有些銀行要求最低結餘，如果未達標準，會收取帳戶管理費用）。

在次要銀行設立兩個存款帳戶（錢會放在這裡一段時間，也會有利息收入），分別是「獲利保存」（Profit Hold）和「稅款保存」（Tax Hold），請把它們分別與你在主要銀行開的獲利和稅款帳戶連結起來，以便轉帳。

我等一下就會解釋轉帳的時間點與頻率，但現在我得先回答你可能的疑惑。你可能會想：「我為什麼要在主要銀行**和**『無誘因』銀行都設立獲利與稅款帳戶？我是創業家耶！我喜歡走捷徑！不能從主要銀行的收入帳戶直接把錢轉到『無誘因』銀行的獲利保存與稅款保存帳戶嗎？」理論上可以，但因為以下兩個原因，這種做法不是個好主意。

首先，跨行轉帳無法立刻完成，可能要花三天以上（上班日和假日都算的話）。這樣一來，你登入主要銀行帳戶的時候，就會有錢還沒用掉的錯覺。

再者，獲利優先的目標就是要讓你可以了解手邊現金最即時、最準確的狀況。行內轉帳通常可以立即完成，所以先把錢從收入帳戶轉到獲利帳戶與稅款帳戶（還有其他帳戶），你馬上可以看出錢的流向，自然分配到各個盤子裡。主要銀行帳戶裡的錢顯然放在對的「盤子」之後，再把錢轉進設在第二間銀行的獲利保存帳戶與稅款保存帳戶。如此一來，你不管什麼時候登入主要銀行帳戶，都能明確知道現況，就算把錢轉向「無誘因」帳戶的手續還沒完成，也沒關係。

心法 **兩個常見問題**

每年我大約會在三十場大型研討會和其他許多小型會議、網討會、課堂上分享獲利優先系統。演講結束開放現場問答時，每次都會有人問我下列問題：

一、「我之前從來沒有獲利，現在怎麼有辦法領取獲利？」

大家很難接受自己馬上就能開始領取獲利的概念，畢竟這感覺很像什麼會計上的美化技巧，但並非如此（事實上，一般用的會計方法才是唬人術）。先領取獲利，其實是改變你經營公司的方式。

每次有人問這個問題，我就會解釋帕金森定律：你會把手邊的錢花得精光，並且在營運狀況差的時候，把每一分錢用好用滿、確保公司可以持續經營。我只是請你先把獲利移除，少花一點錢經營而已。你已經做過這件事，也知道應對方式。有句話說：「沒有改，就不會有變。」如果不改變取得獲利的方式，就永遠無法**獲利**。

二、「我不能在試算表或會計報表上做一做就好嗎？為什麼一定要去銀行開戶？」

我總是會反問提問者：這種方法用到現在，成效如何？你不是早就靠著試算表了解每天的現金流量嗎？你該不會沒有天天看會計報表、檢視數據吧？沒有嗎？就是沒有。因此，在你的會計系統底下設定獲利優先系統，幾乎等同於你本來就該**做**，卻始終沒有做到的事情。

無論試算表或月報表呈現的結果如何，你主要還是會依據帳戶結餘採取行動，你之所以**必須**在銀行設立獲利優先帳戶，是因為這是唯一可以把整套系統植入平時習慣的方法。建立好銀行帳戶之後，你每次登入就必然會看到資金分配的情形。

選擇銀行

選擇開戶銀行的時候，一間要選方便的，另一間則要選不方便的。主銀行要讓你可以輕鬆檢視帳戶內容（盤子或信封袋）、把錢從收入帳戶轉到其他帳戶，營業費用帳戶裡的錢也要可以拿來支付款項。次要的銀行則要選不方便的，切記：眼不見為淨。當我們看不到或用不到那些錢，就不會多想，你只會運用手邊的資源來完成工作。

我的老友彼得．拉福特（Peter Laughter）很清楚移除誘惑的力量。設定公司的獲利優先系統時，他找了一家新的銀行、請分行經理幫忙開戶。對方當然樂於多聊，畢竟拉福特會為分行帶來可觀的存款。那名經理很快就使出業務員的招式，滔滔不絕告訴拉福特在他們家開戶可以享受哪些便利服務：網路銀行、新帳戶臨時支票，還有閃亮亮的新提款卡。

拉福特看著分行經理說：「那些我全都不要，我要你們家最不方便的服務。坦白說，我希望以後要從銀行領錢，只能親自來分行領，並且請你開一張證明支票（certified bank check）給我。此外，要是真有那一天，為了確定我是真的需要錢，請你在我要你開支票的時候，先賞我幾巴掌。」

如果你是金．懷德（Gene Wilder）的粉絲，不妨回想一下《新科學怪人》（*Young Frankenstein*）裡面的場景（注：懷德在《新科學怪人》中飾演法蘭肯斯坦博士）：法蘭肯斯坦博士把自己和科學怪人一起鎖在房間裡，對科學怪人說：「不管你在這裡聽到什麼、不管我多懇切地跪求你、不管我叫得多麼淒厲，都不要打開這扇門，否則我努力得來的一切就會毀於一旦。」

分行經理固然十分困惑，但他還是答應提供拉福特最不便利的服務。

然而，不是每間銀行都會配合你的需求。時間回到二〇〇五年，當時我還在經營電腦鑑識公司，每年都會存入（其實更常提款或借款）幾百萬美元，和同一家銀行往來的業務量很大，但他們還是很沒彈性，不肯配合我的需求。後來商業銀行（Commerce Bank）創立了，他們做的事情在當時是個創舉：平日晚上都開到很晚，而且連週末都營業。就算我在非一般營業時間工作，他們也願意為我服務。於是我到原本的銀行關閉了所有的帳戶，並且告訴他們我要轉到商業銀行去。一名經理出來問我原由，接著就像電影裡的壞人一樣大笑著對我說：「你會回來的。」她真的那樣講。

我再也沒回去過，錢也沒轉回去。

你也有能力改變銀行，他們的工作就是為你服務。就像你到附近餐廳吃飯，絕對不能冒著食物中毒的風險，接受沒煮熟的雞肉一樣，你何必接受和銀行維持「有毒」的關係？

我聽過很多採行獲利優先系統的人分享經驗，依據他們的說法，有一些（但很少）大型銀行願意為你刪減費用，但很多區域性銀行、當地銀行或聯邦信用合作社都很樂於配合。很多時候（像我的例子）他們打從一開始就不會設立那些莫名的費用。操作獲利優先系統時，小銀行和信用合作社非常方便，就像隨插隨用的電腦配件一樣便利，當然有一些大銀行也還不賴。[1]

做法如下：如果你和現在的銀行合作愉快，就跟他們挑明說銀行的「最低結餘」和「轉帳費用」等制度不適合你，要他們免除這些費用。沒錯，你可以要求銀行這麼做，他們可以選擇接受或不接受，接受的話就恭喜你，不接受你就換一家新銀行。

你已經朝著獲利事業邁出三步了：寄信告訴我你有心要做（第一章）、設立獲利優先帳戶、把手邊一％的錢轉到獲利帳戶。你已經動起來了，現在就讓獲利優先系統正式上路，親身體驗一下發生在自己身上、簡單卻強而有力的轉變。我不會說獲利優先像變魔術，但是看著自己的獲利與企業日益茁壯、存款一筆一筆增加，感覺真的超棒。不要停在這裡，趕緊行動。

採取行動：讓公司準備好獲利

第一步：設立五個基本帳戶：收入帳戶、獲利帳戶、業主薪資帳戶、稅款帳戶，以及營業費用帳戶。

通常來說，你在銀行已經開過一、兩個戶頭了，現在就把主要的支票帳戶當成營業費用帳戶，再另外設立其他帳戶：收入、獲利、業主薪資、稅款。為了方便起見，全部都用支票帳戶。

有些銀行會多收錢或要求最低帳戶結餘，不要被這些事情阻撓，要求直接與分行經理說明，談妥費用與條件。如果經理不願意跟你談，那就換一家銀行。

第二步：設立兩個外部存款帳戶，開戶銀行要跟你平常使用的銀行不同。一個是無誘因的獲利保存帳戶，另一個是無誘因的稅款保存帳戶。開戶的時候，要確保這兩個新戶頭都可以從主要銀行相應的支票帳戶中直接匯款。

第三步：開設兩個外部無誘因的帳戶時，不要接受任何「方便」的選項。你不需要也不想在線上查詢帳戶餘額，也不用申請支票簿，更不必用這兩個帳戶申請簽帳卡。你要做的就是把獲利和稅款存起來，然後拋諸腦後……目前先這樣。

第四章
檢視公司體質

寫完《獲利優先》之後，我開始徵求志工編輯，最後找到一群超級專業、臥虎藏龍的編輯團隊，我也請教了看過我其他書的創業家，從他們那邊得到珍貴而詳盡的回覆。商業教練麗莎．羅賓．楊（Lisa Robbin Young）就是其一，她一邊校稿，一邊確實執行獲利優先系統。她說：「這套做法太好、太有用又太有道理了，應該立刻執行。」楊跟我一樣是行動派——她不只還沒看完，甚至沒等到書籍出版就已經著手執行了。

但故事可不像彩虹與獨角獸那麼美好。這樣說好了，我很慶幸楊做完即時評量的時候，我跟她不在同個房間。「才幾分鐘我就爆走了！」楊繼續解釋：「我是說，我真的超級生氣，氣自己過去超支太多錢，用來建立那些我認為對公司很重要且不可或缺的基礎。」

在第一版《獲利優先》出版之後的幾年內，非常多讀者跟我分享他們完成第一步（即時評量）之後的反應，很多讀者都說自己當下既震驚又難以置信，而且像楊一樣，在完成這個步驟之後超級憤怒。這就是你認真面對公司財務的結果，過程很簡單，但面對現實真他媽令人心痛。

如果你在看這本書的時候，公司剛好面臨很大的財務壓力，你可能會不想面對即時評量的結果。你心裡有數，對吧？直視那冰冷又生硬的現實會很不舒服，超級難受。對苦苦掙扎的創業家而言，光是做這項檢驗就很痛苦了；對那些**以為**公司經營得還可以的創業家來說，更是一記當頭棒喝，因為他們還沒有準備好面對壞消息。

你也可以把書放下，繼續告訴自己公司做得很好、不做任何改變。拒絕面對總是很美好，你可以忽略現實，直到現實往你臉上重打一拳為止。但請你不要被揍，不要無預警被抓；愈早接受公司的實際情況，愈能迅速處理。

完成即時評量之際，楊正在推動公司轉型，雖然現金流高達五位數，但錢卻四散各處。「我對公司的財務狀況只有一種感覺，就是麻木。我花太多錢卻不自覺，因為流進來的現金總是比流出去的多，可是我老覺得沒什麼進展。後來是**獲利優先**幫助我了解背後原因。」

一開始雖然有點抗拒，但楊最後還是接受了即時評量的結果，並且一步步開始執行獲利優先系統。她設立第一個「獲利」帳戶之後兩年，公司就出現翻天覆地的轉變。「過去我總是到繳稅才知道公司獲利，你也知道，就是國稅局退給我四、五千塊的稅的時候。」她解釋：「現在我每一季都能拿到獎金，是真的很有感的金額，還可以拿到固定薪水。我減少了費用，並開發符合公司需求的新系統，所以我的管理費大幅降低了，我也把預留利潤的比例調到一〇%。」她花在經營公司的時間也減少了。「過去我真的可以說是在自殺，但現在我每週只工作幾個小時。我可以專心處理大問題，也不必到處滅火。」

楊開始使用獲利優先系統之後，發現自己以前沒有完全發揮潛能，也沒有服務到最好的客戶，公司業務就像她的錢一樣零散。楊調整了公司的目標客群，並成立專門育成中心Ark Entertainment Media，培育有創意的創業家。

轉型之後，楊的公司至今營收每個月都翻倍。我知道獲利優先之所以能帶動公司成長，是因為這套系統逼迫我們專注、精簡並創新，但能在個案中得到驗證總是讓人欣喜。當我聽到楊的事業有了爆炸性的成長，我樂傻了，不禁對空揮了好幾拳。

楊有被現實重擊嗎？沒有，她的公司正乘風破浪、氣勢如虹。

「公司改組、調整目標客群之後，已經過了快兩年了。獲利優先的做法讓一切轉變都變得非常輕鬆，我今年完成報稅的時間比過去五年都早，而且稅款充足，不必到處籌錢。而且我有獲利！該怎麼說？超讚的啦！」

進行即時評量很容易，但要面對公司財務的實際狀況，就像接受根管治療或大腸鏡檢查一樣痛苦。然而，即時評量是關鍵的一步，領你走上創造獲利、成長與（吸口氣）工作成就感的道路。所以夥伴，快加把勁完成評量。

（堪稱）即時的即時評量

不管你的公司是獲利不如預期，還是已經快要心臟病發，你都應該張大眼睛好好檢視。若要順利推動獲利優先系統，就得先屏除一切屏障，看清事情的本質。現在，我們來進一步探討細節。要完成下個階段會用到一些文件（我等等解釋第一個步驟的時候，會列出需要哪些文件），如果你手邊有這些文件會比較方便，但如果沒有或無法取得也沒關係，我們還是有辦法得到相近的結果。

獲利優先是一套現金管理系統，我們不會去看「應計」項目或其他有的沒的偽現金。這個系統很簡單：你有沒有現金？有沒有把現金花掉？就這樣。我們只專注檢視現金，畢竟沒有現金流動的事情都沒有意義。如果你還在想獲利優先怎麼呈現折舊或應收帳款，那你想的還是不存在的錢。我們只會衡量實際的現金交易，現金進，現金出，貨真價實的錢，就這樣。

進行即時評量時，要記得每間公司的設定都不同，下一章我會教你怎麼依據自家公司的特色算出完美的數字。現階段請了解在這個章節中，我用的數字都是約略的數值，是調查幾家財務菁英（也就是超賺錢）的公司後，所擷取的數字。

進行即時評量之前，請先把去年的損益表、每一位業主去年度的繳稅紀錄、年底的資產負債表找出來。你的會計軟體（如果你有用的話）可以很快調出這些資訊，只有你的繳稅紀錄不在上面。如果沒有資產負債表或損益表也沒關係，計算結果還是可以很接近現實。

準備好了嗎？你沒有藉口了，一定要繼續做下去。準備接受獲利優先版的冰桶挑戰吧！

表一是「獲利優先即時評量表」，現在就把它填好。你可以直接寫在書上（如果你是用 **iPad**、**Kindle** 或其他閱讀工具，不想換螢幕的話，也可以到 MikeMichalowicz.com 的資源頁面，下載並列印表單），如果你需要一頁式的即時評量表，可以翻到最後面的附錄二。

A1 整體營收

一、在「實際數字」欄位的 A1 空格中，填入你過去十二個月的整體營收，也就是損益表的第一項（或附近項目）。通常表上最常見的第一個項目指的是總營收（Total Income）、總銷貨收入（Total Sales）、營收（Revenue）、銷貨收入（Sales），或淨銷售（Net Sales）。

表一　獲利優先即時評量表

	實際數字	目標分配比例	獲利優先	差額	修正
整體營收	A1				
原料與外包成本	A2				
實際營收	A3	100%	C3		
獲利	A4	B4	C4	D4	E4
業主薪資	A5	B5	C5	D5	E5
稅款	A6	B6	C6	D6	E6
營業費用	A7	B7	C7	D7	E7

A2 原料與外包成本

二、如果你是製造商、零售商，或是其他超過二五%的銷貨收入來自轉售或組裝庫存的業者，請在A2填入過去十二個月的原料費用（不是勞動成本）。這一格是「原料與外包成本」，這**不是**，容我再次強調，這**不是**銷貨成本（Cost of Goods Sold）。這邊只看原料，原料成本超過銷貨收入的二五%才要寫。

三、如果你大部分的服務都靠外包完成，請把過去十二個月的外包費用填在「原料與外包成本」、也就是A2空格內（承包商的定義是依專案幫你做事的人，他們有自主性，也可以幫其他人工作。如果你沒付他們固定薪資，就要付專案費、佣金或時薪，而且他們會自己負擔稅額與福利等）。有時候你既有原料成本也有外包成本（像是建築業），這種情況就把兩個數字加總，寫在A2空格中。記住，這裡只要寫原料費跟外包費就好了，不要計入自家員工的人事費用。

四、如果你是服務提供商，而且大部分的服務都是內部員工提供的（包括你自己），請在A2空格裡寫○。

五、如果你的原料或外包成本占比未達整體營收的二五%，也在A2空格寫○，等一下看到營業費用的地方再來計算。

六、如果你不確定「原料與外包成本」這格要寫什麼，那就寫○，不要想太多，也不要用這個項目進行名目調整。放這一格只是要調整公司營收，讓你看一下大部分的費用都來自原料、上游供給或承包商的情況下，實際的營收是多少。再說一次，你只要有一點點、一絲絲的不確定，就在「原料與外包成本」這一項（A2空格）寫○。長期而言，計算成本要從嚴比較好。

A3 實際營收

七、現在，把「原料與外包成本」的數字從整體營收中扣除，計算出「實際營收」。如果「原料與外包成本」你填的是〇，那就直接把整體營收數字寫進A3空格。

八、這一個步驟的目標是要讓你算出實際營收，也就是公司真正賺的錢。其他的項目，像是外包、原料等等，你可能可以從中獲取一些利潤，但這並不是主要獲利來源，因為你幾乎無法控制這些項目。這一點可能會點醒許多創業家。一間房地產仲介商年度營收五百萬美元，幾名仲介（承包商）拿走四百萬的佣金，那麼這間公司實際上是規模一百萬美元的公司，管理年收四百萬美元的仲介，而不是五百萬美元的企業。一家年營收三百萬美元的人力資源公司，如果把工作外包給承包商，並支付兩百五十萬美元的費用，那就是間五十萬美元的企業。建築公司一年開立兩百萬美元的發票，公司業務由內部員工全權處理，那實際營收就是兩百萬美元。實際營收的數字是一個簡單、又可迅速平等看待所有公司的方法。

實際營收和毛利（gross profit）不一樣，實際營收是用總營收減掉為了提供服務或產品而支出的原料與外包費用；毛利則是按照會計上的算法，用總營收扣掉原料、外包費用，**以及**員工為了提供商品或服務而花費的時間。這個差異很小，卻很重要。毛利會把你和員工的時間成本算進去，但問題在於：不管公司銷售好壞，員工只要有付出時間，你基本上都得支付薪酬。不管員工花了四個小時還是五個小時修好汽車變速器，你付的錢應該是一樣的。所以為了簡化，我們把所有員工（包括全職與兼職）的薪水都算做企業營運的成本，而不是銷貨成本。此外，只要挪動數字就可以操縱毛利，這樣有什麼好處？我們應該要讓你清楚看懂公司數據，因此在執行即時評量、計算實際營收的時候，除了原料與外包的費用，要避免扣除其他費用。

A4 獲利

九、算出實際營收之後，先來計算「獲利」（現在看出來這套系統怎麼運作了嗎？）在A4空格中，寫下你過去十二個月的實際獲利。這是你累積起來、放在銀行帳戶裡的獲利，或是已經分配給你（與／或合夥人）的紅利，但不是彌補薪水不足的獎金。如果你認為自己有獲利，卻不在銀行裡，也從來沒有透過分配成為你的獎金，那就代表你根本沒有獲利（如果發現獲利比你想的還少，很有可能是你把錢拿去付前一年積欠的債了，或是你試圖和安隆一樣做假帳）。

A5 業主薪資

十、在A5空格填入過去十二個月，你付給自己（還有其他公司業主）的薪水，也就是「業主薪資」。這裡只計算固定發放的薪資，不算獲利分配。

A6 稅款

十一、在「稅款」空格A6中，填入公司代表你繳了多少稅給政府。這一點很重要：不是**你**繳了多少稅，是**公司**繳了多少稅（或退稅給你）。稅款包括公司每一位業主的所得稅，還有其他企業稅。通常公司不會幫你繳稅（這個問題我們將一併解決），所以這項你有很大的機會掛蛋。如果你的所得稅是從公司給你的薪水扣，或是到年底你得自己湊錢繳稅，那公司鐵定沒幫你繳稅，請在A6空格內填上大大的〇。

A7 營業費用

十二、在「營業費用」A7這一格，把公司過去十二個月所有費用加總起來，也就是除了獲利、業主薪資、稅款、原料與外包費用這些你已經算過的項目外，其他的費用。你的損益表上就有列名費用。這裡大家常常會搞混，如果損益表的費用和你這裡算的有出入，也沒有關係。我們不是在做會計，你不需要把每一毛錢都調節到完美。這只是一套簡單的系統，讓我們可以大概了解公司現況，並且設定現階段的目標。我們的目標**不是**要算出最完美的數字，只是要粗略了解現況，並且在了解之後，開始為公司草擬獲利計劃。這只是一個開始，我們會逐步執行獲利優先系統，過程中就會自動修正，並且找到完美的公司數據。先開始就對了。

再確認一次自己沒有算錯，把獲利（A4）、業主薪資（A5）、稅款（A6）和營業費用（A7）加總起來，看看是不是實際營收（A3）。如果數字不一樣，那可能哪裡怪怪的，再算一次看有沒有漏掉什麼。確定你已經盡量取得最精確的數字之後，就調整營業費用，讓等式成立。很多會計專家看到這裡都會崩潰，但是老話一句：我們的目標只是看大概數據，沒有要當會計專家。現在，把實際營收和原料與外包成本加總，應該要等

表二　目標分配比例

	A	B	C	D	E	F
實際營收	0–25 萬美元	25–50 萬美元	50–100 萬美元	100–500 萬美元	500–1,000 萬美元	1,000–5,000 萬美元
實際營收	100%	100%	100%	100%	100%	100%
獲利	5%	10%	15%	10%	15%	17%
業主薪資	50%	35%	20%	10%	5%	3%
稅款	15%	15%	15%	15%	15%	15%
營業費用	30%	40%	50%	65%	65%	65%

於整體營收。確定都沒問題了，我們就完成第一欄的苦功，接下來就輕鬆了。

B4–B7 目標分配比例欄

十三、接下來，請對照表二，根據你的「實際營收範圍」，把獲利優先的分配比例填進「目標分配比例」（Target Allocation Percentages，簡稱TAP）的欄位中，從B4填到B7。我把這些比例稱為「目標分配比例」，也就是各筆新進存款要分配到公司不同項目組成的比例。目標分配比例**不是**起點，而是你要努力的目標。舉個例子，假設你過去十二個月的實際營收是七十二萬兩千美元，那就參考表二中C欄的比例；如果實際營收二十二萬五千美元，那就是A欄。如果你經營的單位（或是自己的公司）年營收四千萬美元，請參考F欄的比例。

C3－C7 獲利優先欄

十四、現在看到獲利優先欄。首先，把實際數字欄中的「實際營收」（A3）數字複製到獲利優先欄的「實際營收」（C3）中。接著把C3的數字乘上各列的目標分配比例，並將乘積寫到相應的獲利優先欄位裡。舉例來說，要算出獲利優先的獲利，就要用C3（實際營收）乘以B4（獲利目標分配比例），算出C4（獲利優先系統當中的獲利目標）。用同樣的方式算出獲利優先欄每一格的數字[1]，這就是你針對各個項目的獲利優先數值目標。歡迎來到面對現實的一刻（希望我們還是朋友）。

D4－D7 差額欄

接下來，用實際數字欄的數字減去獲利優先欄的數字，填入「差額」欄中。[2]通常獲利、業主薪資或稅款的差額會是負值，甚至三項都是負的。這就是你要努力補起來的差額，負值反映的是你在這幾個部分虧錢。有時候只有一項出問題，但大部分的公司獲利、業主薪資和稅款同時為負，只有營業費用的數字是正的（代表超支）。換句話說，我們的獲利、業主薪資和稅款不足，卻花太多錢在營業費用上。

E4－E7 修正欄

最後一欄是「修正」，這一欄不用寫數字，只要在各個項目的對應欄位中寫上**增加**或**減少**即可。如果「差額」欄位算出來是負值，相應的「修正」空格就填**增加**，代表我們應該在這個項目多投入一些資源，才能填補差額。反之，要是「差額」的數字為正，「修正」格就填**減少**，我們要在這個項目上少花一點錢，降低差額。

各項比例與數字代表的意義

表二的數字是我這些年來自己經營事業、以及與無數企業合作後，歸納出來的常見範圍。依照我的經驗，這些數字代表公司體質非常健全。這些比例並不完美，不過還是很好的出發點。進行即時評量的時候，你可能會發現實際的比例與表二裡的數字相去甚

遠，但沒有關係，這些數字只是你的目標、你要努力的方向而已，我們會一步一步接近目標。我之後會再詳細說明，現在先來看看這些比例背後的意義。

在選定目標分配比例時，我把公司分成六個層級：

一、當公司營收低於二十五萬美元，公司通常只有一個員工：就是你。你是核心員工，往往也是唯一的員工（和承包商、打工仔，可能還有一個全職員工一起工作）。很多自由工作者都在這個階段，如果他們選擇留下來（一人事業，沒有員工），獲利和業主薪資的比例應該可以比我列得更高，因為他們沒有人事費用，或是為了雇用多名員工而衍生出的必要支出。

二、營收二十五到五十萬美元之間的公司通常都有其他員工，需要安裝基本系統（像是團隊共享的CRM系統[3]）、設備等等，也需要支付員工薪資，營業費用因此增加。隨著你跨出第一步，漸漸減少員工身分，多扮演一點股東的角色，業主薪資會調降（而且會持續往下），其他人開始幫你工作，而你會透過獲利分配享受公司獲利的果實。

三、營收五十到一百萬美元的公司成長的同時，系統與人員也與日俱增。這時候要專心衝高獲利，因為大部分的公司從一百萬成長到五百萬是最困難的，你需要多一點準備金。

四、從一百萬到五百萬美元這一個階段，系統不再是「有也還不錯」的雞肋，而是必須增加的項目。你已經沒辦法靠腦袋記住所有事情，企業到這個階段通常需要最大筆的投資，你腦中所有的知識都得轉成系統、流程與檢查清單，代表營業費用的分配比例必須增加。這時你多半不必親力親為，而是隨著企業茁壯，把大部分的時間花在經營事業（而不是在公司裡工作），其他時間則是要推銷大型專案。

五、從五百萬到一千萬美元，管理團隊通常會加入，把公司帶到下一個階段，中間管理階層也會逐漸成形。創辦人開始更專注在自己擅長的項目，業主可以獲得穩定薪資，而收入中又有絕大部分來自公司獲利，而非薪資。

六、營收達到一千萬到五千萬的公司，營運狀況通常已經相當穩定，也可以預估成長幅度。創辦人的收入幾乎全都來自獲利分配。業主按職位支薪，但薪水通常不多。到達這個規模的企業可以好好善用營運效率，讓獲利極大化。

即時評量結果範本

表三是我最近把獲利優先系統引進某間律師事務所的範例。這份即時評量的結果反映出幾個（令人心痛的）事實：這間公司的獲利程度完全不夠，獲利應該要增加十一萬八千美元（D4）才行。目前獲利帳戶（A4）中，顯示獲利是五千美元，表示公司基本上只能說是損益兩平，只要一個月做不好就垮了。

兩名業主總共領十九萬美元的薪資（A5），以這個規模的企業而言，薪水太高了，老闆過太爽，超過了企業可以支應的範圍，他們應該要少領六萬七千美元的薪水（D5）。

隨著企業財務愈來愈健全，稅款（C6）應該會增加（雖然要繳更多稅還滿心痛的，但這其實是公司健全的表徵，賺愈多、繳愈多……直到有一天你有錢到可以去向政治人物關說，就可以一毛不繳——講到這個我就有氣！）此外，這間公司的營業費用也過高，超支十四萬一千五百五十美元（D7）。

透過即時評量的結果，我們可以明顯看出，若這間公司的領導人想讓公司體質

表三　某間律師事務所的即時評量結果

	實際數字	目標分配比例	獲利優先金額	差額	修正
整體營收	A1 $1,233,000				
原料與外包成本	A2 $0				
實際營收	A3 $1,233,000	100%	C3 $1,233,000		
獲利	A4 $5,000	B4 10%	C4 $123,000	D4 -$118,000	E4 增加
業主薪資	A5 $190,000	B5 10%	C5 $123,000	D5 $67,000	E5 減少
稅款	A6 $95,000	B6 15%	C6 $184,950	D6 -$89,950	E6 增加
營業費用	A7 $943,000	B7 65%	C7 $801,453	D7 $141,550	E7 減少

更健全，就得減少業主薪資（E5）、減少營業費用（E7），可能要裁掉幾個員工。如此一來，就可以釋放更多現金到我們得提升的獲利帳戶（E4），也才能進一步存更多現金來繳業主與企業的稅（E6）。改革的過程需要勇氣，而且勢必會很艱難。

即時評量可以讓我們快速看清現實，一拳打醒我們，要我們不再拖延、不再希冀下一個大客戶、下一張大單或下一個「大」什麼會拯救我們，帶我們脫離日復一日的恐慌深淵。我們清楚知道自己必須做什麼事。

一間財務健全的公司是靠每天、一點點、一連串的正確行動來獲利，而不是靠單次關鍵的驚人時刻。獲利能力不是單一事件，而是習慣。

不要陷入恐慌！

你可能還有點印象，在我「東山再起」的日子裡，我出版了第一本書《衛生紙計劃》，內容主要是分享我創業時遵循的一套原則。其中一個關鍵原則就是節省。我真心相信任何一位創業家都可以只靠一點點、甚至完全沒有種子基金就能成立公司，而且不管銀行裡有多少錢，總有辦法讓公司逐漸茁壯。書裡頭寫了很多小技巧，教大家如何在創立與經營公司的時候，多省一些錢。打從第一版上市開始，我就接到數千名創業家的分享，他們都在創業或經營公司的時候，採用了書中的建議（或依據書的內容做些微調整）。

而且我得說，談到節省，我不是隨口鼓吹而已。在我瘋狂撒錢、來到耶穌面前看見真理（這裡的耶穌可以說是「快破產」的同義詞）之後，我再度回到初衷。這次選擇節省不再是因為我得這麼做，而是因為我**想**這麼做。我給自己設定的目標就是要用節省的方式滿足營運需求，並以此為榮。我的辦公室每個月的租金是一千美元，與過去的一萬四千美元相比，根本是零頭。我會善待會議室裡的家具，那些家具是我用二五折的超低價買來的。我連白板都自己做，用的材料是搭建淋浴間會用到的白板材料、牙線，還有一些汽車臘油（馬蓋仙，來單挑啊！）

所以你可以想像，儘管我超會省，但我做完即時評量發現公司還是在失血時，我有多麼驚訝，說我大吃一驚也不為過。當時我苦苦思索：「這些東西到底還可以多便宜？」

結果我發現，呃，原來問題不是每一項花費我花了多少錢，而是這當中有幾筆費用**根本一毛都不該花**。像是我根本不需要辦公室，反正我也沒在見客戶或接待客人，當時的我在寫書、建立靠演講賺錢的職涯。換句話說，大部分時間我都在獨處、出差，或是用電話和視訊開會，我的外包夥伴也都可以在家工作。

事實是，我想要有一個辦公空間，讓我覺得自己真的在工作；特別是在小豬撲滿事件之後，我很需要這種感覺。但真正重要的是，如果我希望每個月都有獲利，就不能繼續租用辦公室。所以我把原本的空間轉租出去，並在一間餅乾工廠找到超划算的契約——多年摯友免費提供我辦公和與人會面的空間。我開始一一消除費用項目，直到公司不再虧錢，獲利開始增加。新的辦公空間還有個額外好處，就是有免費餅乾可以吃，而這個額外的好處變成我腰際間兩公斤的肥肉，所以……好像也不是真的好處啦！

在我認知到這件事情之後的幾年內，節省開支成為最有樂趣的策略挑戰。只是要享受這個過程之前，你得先面對殘忍的事實。我曾為數不清的公司做過即時評量，反應千百種。有人懷疑：「真的嗎？我做得到嗎？」也有人說：「麥克，你他媽以為你是誰啊？輪得到你來跟我說公司應該怎麼做？你根本不懂我這塊特殊產業！」還有人雙腿發軟、淚流滿面。要面對公司狀況不如自己想像這個殘酷的事實，真的非常困難。但如今你看清現實了，知識就是力量，我們就來修正問題。

你不是蠢蛋，你並沒有做錯事、也不需要感到慚愧。你手上抱著這本書，幫助你認清事實，也提供你達到目標的另一個方法。你不再問：「要如何讓公司更大？」而是開始問自己：「我要怎麼讓公司更好？」

心法

如果你的公司還在草創初期

如果你才剛成立公司，還沒有營收，要怎麼建立獲利優先系統？該等到公司成熟一點再開始用獲利優先嗎？拜託，當然不是。從零開始，公司的未來等待你去開創，現在其實正是最適合啟動獲利優先的良機。為什麼？因為你在一開始、事業成型之際就能建立強而有力的好習慣，更重要的或許是讓你不要發展出不良的財務習慣，以後很難改。

公司創立初期，你要盡可能多花時間推廣業務、腳踏實地工作，接下來才是建立系統和流程。因此，別光想著要為公司找到完全正確的百分比。

直接用即時評量的百分比當成你的目標分配比例就好了，但獲利帳戶的分配比例一開始先設在一％就好（為什麼是一％？下一章你就懂了）。業主薪資佔五〇％、稅款一五％。每季調整一次，慢慢調高比例，讓公司愈來愈接近本書中建議的目標分配比例。至於我在書末介紹的進階版獲利優先策略，在你的公司營運滿一年之前，可以先不用考慮。新創事業的目標是要建立獲利優先的良好習慣，其他所有醒著的時間都要拿來照顧你的寶貝孩子，讓他站穩腳步。

採取行動：完成即時評量

步驟一（唯一的一步）：這一整章的重點只有一個關鍵行動，要是你還沒完成公司的即時評量，現在馬上做。如果你想等到有空，或是準備好面對現實的時候再來進行評量，這樣還可以從本書獲得滿滿收穫嗎？當然可以。如果現在不做，還能把閱讀本書的成效完全發揮出來、快速看到結果嗎？那可不行。所以，現在就停下手邊的工作，馬上開始評量。我在這裡等你……現在馬上做！

請讀完這一段

如果你很震驚，對於自己和過去的決定感到很糟，或是因為即時評量的數字而氣惱不已，我希望你可以了解一件事：

你很正常，非常正常、完全正常、百分百正常。

如果你現在沒有心情面對後半本書也沒有關係，就先停在這裡，等到你準備好面對再繼續看下去，但請做完這件事：在另一間銀行開設一個獲利帳戶，每次收到錢就把一％存進去。我知道這筆錢只是「屑屑」，你可能覺得這麼少錢根本不足以對事業造成什麼影響，但把獲利分配比例壓低，你才能按照過去的習慣經營公司，完全無痛建立足以永遠改變公司的習慣。再過不久，那股震驚、氣憤與惱怒的感覺會慢慢散去，新的獲利習慣會建立起來。屆時你就能再次拾起這本書，進一步了解獲利優先系統。

第五章

決定獲利與各項費用的分配比例

幾年前，一位同事跟我分享了達成財務目標的動人故事。有位激勵演說圈的新秀出席了演說訓練營，在一場活動中，訓練講師教大家在演講結束後該怎麼現場販賣周邊商品，他說：「只要照這種做法，八〇%的觀眾都會在活動之後購買你的產品。」

演說新秀拿著厚厚一疊筆記、抱著滿腔熱血參照演說內容投入她的巡迴演講。起初她只吸引到二五%的觀眾下單，而為了達到八〇%的目標，她持續調整並精進策略與推銷方式，頻頻回顧自己的筆記。隨著時間過去，她吸引到的觀眾比例漸漸增加到五〇%，接著又到六〇%。再過一年，她在演講之後，通常都可以吸引到七五%的觀眾購買產品。這個成果相當傑出，卻還沒有達到講師保證的比例。

某天早上，她和幾名同事一同共享早餐，之前指導她技巧的那名講師正好也在現場。她迫不及待跑去請教講師，要怎麼做才能達成最後那艱難的五%，突破八〇%的祕訣到底是什麼？她把自己的故事告訴講師之後，講師極度傻眼：「八〇%？妳以為我說八〇%？我說的是一八%！」

我想用這個故事來解釋我的信念，而我的信念是從我自己的經驗而生：不管數字多少，只要你朝著那個方向努力，並且相信自己可以達成目標，你不但會達到目標，還可以衝破其他人設定的「合理」數字。

獲利優先處理的面向很多，一開始要先設定分配比例，也是你要轉到獲利、業主薪資與稅款帳戶的比例，這一章就來解決分配比例的問題。讀完這一章，你就可以對自己的公司做客製化的檢視，但如果你等不及、想要馬上開始執行獲利優先，也可以跳到第六章，之後可以隨時回頭讀這個章節，調整比例設定。無論如何，只要你實際採用獲利優先系統，那就成功了。

兩個常見問題

即時評量是看公司的實際營收範圍決定比例，但每一間企業都有些微差異（不過你的公司和產業應該完全不如你想的特別）。即時評量中的數字雖不完美，但往往還是很接近精密檢驗的結果。

在深入檢視之前，我要先指出兩個常見問題；這是創業家開始採用獲利優先系統時，經常會遇到的問題，兩者不會同時發生。

一、糾結細節：首先，有些創業家會被細節絆住。他們會花好幾個小時、幾天、幾個月，甚至更久，只為了在進行下一步之前，找到完美的數字。更糟糕的是，有些人完全被這些細枝末節卡住，始終沒辦法著手做事。「分析癱瘓」（analysis paralysis，注：指企業過度分析，反而無法做出決策的狀況）是我們的死對頭。在這個章節，我們會談得很細，但只要你發現自己愈研究愈茫然，為了調整比例像愛麗絲一樣掉進兔子洞、落入另一個世界，請停下來，直接跳下一章。完美主義是夢想的天敵，最好直接開始。

二、輕舉妄動：另一方面，如果你跟我一樣，會因為行動太猛烈或出手太快而犯錯，這也很常見。我這種人通常會在還沒取得所有資訊之前，就先展開行動；因為我認為大部分的事情反正都得從做中學，但是當我還沒準備好就腦衝跳下去的時候，往往冒著失敗的風險。等到失敗了，我又因為太過自負而抱怨系統有問題，但明明問題是出在我沒有做足準備。

我遇過創業家一開始採行獲利優先系統的時候，就立刻把獲利比例設在二〇％，他們說：「這太簡單了，我懂了，讚啦！二〇％！完成了，下個問題。」不要像我一樣性急，嗨哥。剛開始用獲利優先就火力全開，就像第一次捐血就狂捐五加侖一樣，你知道這樣做會有什麼後果嗎？你會當場掛掉。人體內的血液不過兩加侖，在你達到五加侖的捐血目標之前，你會先不支倒地。但是，我們可以安全達成目標，如果一次捐一點血，慢慢累積，最後總捐血量還是可以達到五加侖。

目標分配比例只是努力的目標，講得更清楚一點，目標分配比例**不是**——我再強調一次——**不是**你的起點。目標分配比例是我依據問卷與評估結果，找出橫跨各產業、規模，總數約一千家的財務健全資優企業，並從採用獲利優先系統的數千家企業中，精選幾家進行分析而得出的比例，換句話說，這是「**雙重菁英**」的成績。你要以目標分配比例為目標，現階段你可能會想：「麥克，你不懂我的產業，我不可能達到那些數字。」這時候我就要拿出殺手鐧堵你的嘴，福特汽車創辦人亨利．福特（Henry Ford）曾經說過：「不管你覺得自己做得到還是做不到，你都是對的。」在想像自家公司或產業的獲利能力時，要樂觀一點，或者說，要相信自己做得到。

公司的數字也可能比目標分配比例還高，如果是的話，那恭喜你！但這並不代表你可以放慢腳步，你還是要自我砥礪，朝菁英中的菁英邁進。

目前分配比例

目前分配比例（Current Allocation Percentages，簡稱ＣＡＰ）反映公司目前的狀況，你將逐漸調整這些數字，讓它們愈來愈接近目標分配比例。舉例而言，以你的公司規模來看，獲利的目標分配比例應為二〇％，但你過去的獲利分配一直都是〇％（如果被我說中了，不要擔心，這很常見）。如果你到現在都還沒分配過獲利，那你的獲利目前分配比例就是○%。

如果你也想讓公司躋身菁英階層，就要緩慢、刻意，且持續地邁向目標分配比例。接下來你要做的，就是把目前分配比例從○%調到一%，下一季調到三%，再下一季則是五%。

有些人聽完我分享目前分配比例的概念，心裡還是在想：「大家都說：『要麼做大、要麼放棄』，所以我應該全心投入，把所有的錢都當成獲利（或是放進自己口袋）。」但如果你把桌上大部分的食物搜刮到自己的盤子裡，就沒有資金讓公司成長。記住，現在是你的事業要靠剩下的資源維生，而不是你，你得留下夠多資源，讓事業持續成長。

獲利優先成功執行的關鍵是把一連串的小碎步連結在一起，並且重複執行，所以放輕鬆就好。

當你慢慢建立獲利優先所需的肌肉，我們也會引導你逐步進入簡單、重複的規律。創業家管起錢來往往隨心所欲、毫無章法，造成混亂與恐慌。但到下一章結束之前，我們就會幫助你抓到一個簡單的節奏，讓你清楚明瞭、完美掌控公司財務。

現在就讓我們看下去。

獲利目標分配比例

即時評量是你計算所有目標分配比例的起點，如果你是分析魔人，也可以依據自己的產業類別，把目標分配比例調得更精準。不過話說回來，其實不調也沒關係，畢竟目標分配比例是很簡單的目標；隨著你繼續推動獲利優先系統，調整目前分配比例，你自然會找到適合自己的數字。

如果你想設定更精準的目標數值，就得再多做一點研究，幾種做法如下：

一、研究上市公司：去看上市公司的財報，那些都是公開資訊。上網搜尋年度財報，就會看到很多網站分析上市公司的財務狀況。調查至少五家和你相同產業或類似產業的公司，如果你做的那塊利基市場沒有上市公司可以參考，就擴大搜尋範圍。舉例來說，如果找不到公開上市的DJ公司，那就擴大到娛樂公司，選出五家性質接近的（分享一個小技巧：我自己習慣上Marketwatch.com找相關報告，因為他們的網站設計清楚易懂、容易找資料。你也可以試試看用雅虎財經，或是Google財經）。

我們只要看過去三到五年的損益表就夠了，如果你很想仔細研究，可以再看一下那幾間公司的資產負債表和現金流量表。

拿出各年度的財報，用淨收入（獲利）數字除以總銷貨收入或營收數字。[1] 接著算出年平均。用同樣的公式算出各家上市公司的獲利比例，並套用到你挑選出的五家企業，就能算出整體產業的平均獲利比例。接著，把那個數字當做你的獲利目標分配比例。

二、檢視過去三到五年的繳稅紀錄，找出獲利最高的一年，在此不是根據絕對金額，而是找出獲利比例最高的一年。為什麼要用比例當標準？因為一間營收十億美元的企業，如果只有一百萬美元的獲利，那問題就大了，即便只有一天營運狀況不理想，一百萬美元也不夠支應。相對來說，如果一間營收五百萬美元的公司報了一百萬美元的獲利，那就是狀況超好、季冠群雄。這間小不啦嘰的公司就算連續幾天狀況不好，也只是吐吐苦水發個牢騷而已。

三、還有一個最簡單的方式，就是用你今年的營收估值來決定獲利比例。你在第四章中已經做了即時評量，填了過去十二個月的公司營收（你應該有填吧？）別忘了評量表可以到MikeMichalowicz.com的網路資源區免費下載。

你也許永遠都達不到自己設定的目標分配比例，但是這些數字會敦促你經常反思自己做了些什麼、怎麼做，因此得以持續**靠近**目標。你也有可能超越目標分配比例，也許你會成為產業中新的目標分配比例標準，那就太帥了。等到你超越自己設定的目標分配比例那天，請與我分享，我要告訴其他人，叫他們提高自己的標準。

現在這個階段，由於你的獲利帳戶會是你的獲利分配來源，也是公司狀況差時的準備金，你應該要盡快讓獲利目前分配比例達到五％。如果可以存下五％的企業年營收，那筆錢可能約略是你二十一天的營業現金流量，可以在公司營收重挫的時候，幫助你度過難關（如果收入歸零，你就會停止分錢到獲利和稅款帳戶，業主也領不到獲利分配）。要解決問題，三個禮拜不算長，但世界末日很少發生，通常營收只是暫時放緩，屆時你至少有準備金讓你撐過艱苦時光；這比較像「是芥末日」，不是什麼「世界末日」（哏很爛我知道，但我很愛，所以我不會刪）（注：Armageddon為《聖經》裡描述世界末日的決戰現場，作者將字首的Arm〔手臂〕改成Hangnail〔指甲倒刺〕，代表問題沒那麼嚴重）。

如果完全賣不出東西，也沒有收到任何一筆錢，下面這幾條是長壽法則：

- 五%獲利分配→三週營運現金
- 一二%獲利分配→兩個月營運現金
- 二四%獲利分配→五個月營運現金

為什麼當獲利分配比例翻倍的時候，公司長壽的程度幾乎翻了兩倍？乍看之下數字似乎不對，但其實有其道理。當你的獲利分配比例提高了，營運的效率也更高，也代表營業費用較低。所以你不只是多存了獲利，還花比較少，讓你可以撐更久。

心法　高利潤導致競爭劣勢

你的目標是要盡量提高獲利分配比例。但分配比例超級高的狀況無法持續，至少無法長期延續，而在營收停滯的狀況下，更是困難。原因在於，當你從營收當中取出一大部分當做獲利，假設五〇％分配到獲利好了，只有一〇％放在營業費用，你的競爭對手就會發現你的祕密。這時為了搶食市場，他們會調降價格（通常這些競爭對手的利潤都夠高，有降價空間）；而為了不被逐出市場，你就會被迫跟著降價。對那些如鯊魚般嗜血的競爭者而言，超高利潤就像水裡的血絲一樣誘人。維持高利潤的唯一方法，就是在利潤高的時候善用利潤並持續創新，找到新的方法來提振獲利能力。

業主薪資目標分配比例

一直付錢給別人，自己卻領不到薪水，只能靠刷卡或向親家借錢度日，那樣的日子已經過去了。別忘了，是公司要為你服務，而不是你為公司服務，不要再撿別人剩下的了！

業主薪資是你與其他股東為公司工作而獲取的報酬，我想你應該對**業主兼經營者**（**owner operator**）這個詞很熟悉，意思是你擁有這間公司（持有股份），同時又負責經營公司（身兼公司員工）。業主薪資是我們為你和其他業主兼經營者所保留的錢，讓你們為公司工作也能支領薪水（如果是沒有在公司工作、只是出資的股東，只能拿到獲利分配）。你的薪水是你工作應得的報酬，換句話說，你如果找別人來取代你的位子，你也會付他們這麼多錢。

在決定業主薪資的目標分配比例時，有兩個可以考量的方向：

一、實際檢視你做的工作。如果你的公司很小，假設只有五名員工好了，你可能會自稱執行長，但這不過是印在名片上的頭銜，你還得做很多事情。你大概會花很多時間衝銷售、完成專案、接待客戶，還要處理公司人事。實際上，你可能只花了大約二％的時間在做執行長的工作：願景規劃、策略溝通、收購、對投資人報告、媒體公關等。因此，決定薪水的時候，請觀察自己八〇％的時間做了哪些事，以及倘若你雇用員工來處理這些事情，會付他們多少薪水。接著再衡量要付多少錢給在公司工作的股東。

把所有在公司工作的股東薪水加起來，就是業主薪資費用，你從營收撥出來的業主薪資目標分配比例不能低於剛剛計算出來的薪水總和。別忘了你應該會加薪，甚至因為工作做得好而有獎金。所以估算出業主薪資分配比例後，要再乘以一．二五，這樣營收波動的時候，才有緩衝的空間。假設你和四名股東一起工作，公司營收一百萬美元，每個人薪水五萬美元，業主薪資目標分配比例至少要設在二五％。

二、按照你的營收範圍，參考即時評量中建議的比例進行分配（參見表二）。把「業主薪資」帳戶中的錢分給所有持有股份的員工，不一定要均分，也不一定要照持股比例分配，業主薪資是協調出來的結果。

既然你和其他股東兼員工都只是公司員工的話，為什麼還要獨立的帳戶？因為你們是公司最重要的員工。如果要裁員，我想你應該會先把其他人都裁光，最後才把自己炒掉。想想公司最優秀的員工，我敢說你一定會多花一點心力，確保你有好好照顧他們、使出渾身解數讓他們開心，而其中一種做法就是支付符合他們身價的薪水，對吧？但夥伴，你知道嗎？你就是最棒的、最重要的員工，我們必須好好照顧你。

談到薪水，每家公司的類型不同，支領薪酬的方式也有所不同。小型企業股份有限公司（S Corporation）和有限責任公司（LLC）或獨資經營公司（sole proprietorship）不同，又和股份公司（C Corporation）相去甚遠。但業主薪資的分配方式是一樣的，你只是要先和會計師討論，確定領取薪資的方式合理也合法。我強烈建議你找具有「獲利優先專家」認證的會計師，他們很清楚要怎麼幫助你打造獲利優先企業。

別讓公司最重要的員工領過低的薪水

我和好友羅吉哥（Rodrigo）共進晚餐的時候，他跟我說他的公司年營收三十五萬美元，但他的薪水低於最低薪資。

我感覺到風雨欲來的氣息，於是我拿起還沒被莎莎醬汙染太嚴重的紙巾，開始寫下羅吉哥的公司數據。把他的實際營收三十五萬美元乘上三五％（依據即時評量得到的結果），結果只比十二萬兩千美元多一點。

我問：「有幾個合夥人在公司工作？」

他答道：「除了我以外，還有另一個人。」

除以二之後，每一位業主能拿到的薪資只有六萬一千美元左右（假定他們做的工作相同，所以五五對分）。就像我們在前一個段落中討論到的，業主薪資應該要反映每個人的工作內容。

我進一步追問羅吉哥關於薪水的問題。他說：「我每年大概領三萬美元，我的合夥人已經離職，到別的地方做全職工作，所以現在完全不支薪。我們有三名全職員工，每一位年薪六萬五千美元，由我管理。」

我也想告訴他我聽了很意外，但其實這個場景我再熟悉不過。羅吉哥怎麼靠低於最低薪資養活自己和家人？我想他一定是靠刷卡、跟家人借錢，可能還拿房子再融資，才能彌補少得可憐的薪水。

「如果你的三名員工突然決定同一天離職，那怎麼辦？」我問他。

「我會自己扛下所有工作，合夥人也會回來幫忙。」

「那你幹麼不這樣做？」我又問。

他解釋道：「因為這樣我就會陷在工作海裡，公司沒辦法成長。我不想工作，我想拓展事業。」

羅吉哥的想法沒錯，但是他執行的方式錯了。

麥克・葛伯（Michael Gerber）在他的經典必讀著作《創業這條路》（*The E-Myth Revisited*）中解釋，我們應該經營公司，而不是在公司工作。這一套「經營 vs. 工作」的哲學非常精闢，但大部分的創業家都在執行的路上遇到困難。經營公司不是找一群人來幫你工作，再花一整天回答他們永遠問不完的問題、教他們如何工作（也就是你過去自己做的事情），經營企業是要建立系統，就這樣。

然而，很多創業家和羅吉哥一樣，忽略了公司成長指的並不是在一夕之間，從所有事情自己一手包辦，轉變成什麼都不做。從「在公司工作」到「經營公司」需要時間，你得緩慢、刻意、小小步往前行（開始抓到重點了嗎？）這就是即時評量當中，設定業主薪資比例的邏輯：公司還小的時候比例較高，隨著公司成長，比例遞減。

創業初期，公司營收不到二十五萬美元時，你不只是最重要的員工，還很有可能是唯一的員工。如果年營收低於五十萬美元，你可能已經有一到兩名員工，但你還是最核心的工作者。換言之，九〇%的工作都是你自己做的；你負責買培根回家，還要負責把它翻炒煎熟。

其餘一〇%的時間，你應該用來記錄自己做的事情，把流程系統化，讓其他少少幾名員工或外包人員可以不需要你幫忙、獨立完成工作。基本上，你只有一〇%的時間是貨真價實的創業家（建立系統），其他九〇%的時間，都是自家公司最努力、賣力推銷的員工。

因此，初期你應該拿最多薪水，不要再想著自己要撿「碗裡剩下的食物」，你不可能靠最低薪資或是更低的薪水過活。再說一次，請好好咀嚼這段話：我的公司為我服務，不是我為它服務。拚命工作卻幾乎不拿薪水，等於是被公司奴役。從目前分配比例開始（也就是你的現況），每一季持續調高一個百分點。[2]

隨著公司的年營收突破五十萬美元，你會花更多的時間建置系統。現在你有二〇%

的時間是系統開發人員，一〇%的時間在當主管，剩下七〇%當員工（記住，你建置的系統愈好，就可以花愈少心力管理，因為處理事情的方式很一致）。當年營收超過一百萬美元，你的薪水比例就會進一步降低，因為你會花更少時間在公司裡**工作**，並且花更多時間**經營**公司。

但也別忘了，你還是不太可能完全不工作；畢竟就算你是建立系統的魔法師，花八〇%的時間在自己的魔法世界漫步遨遊，你還是得花大概二〇%的時間去處理大筆訂單。創業家變身成執行長後，幾乎都還是要負責大單。我敢跟你賭，亞馬遜和客戶簽訂幾億美元的合約時，貝佐斯（Jeff Bezos）鐵定會在現場；當你的大單來了，你也會在那裡坐鎮。

諷刺的是，回到公司裡工作是建立系統最好的方式。隨著你把系統一個個建立起來、營收也增加到足以適應這套系統，你就可以陸續招攬最優秀的人才，來執行這些良好的系統。

關鍵是：不要配合數字砍自己的薪水。每個事業的目標都是求體質健全，而要達到目標的唯一方法就是提升效率。自認殉道者的毛病對誰都沒好處，讓你變成祭天的羔羊也完全無法提振效率，反而會有反效果。

稅款目標分配比例

房地產公司 Denver Realty Experts, LLC 的老闆葛雷格．艾克勒（Greg Eckler）超愛報稅季。艾克勒看過《獲利優先》前期草稿之後，就開始把這套系統用到公司裡。我們倆是大學同窗好友，都曾是商業專業會 Delta Sigma Pi 的會員。他好心幫我看了草稿，還提供我不少意見。當時，為了逼他把草稿看完，我還威脅他，只要他好好看完並執行獲利優先系統，我就不公布他在專業會裡的小名——鹿便便（Elk Turd），啊，糟糕，我說溜嘴了，抱歉啦艾克勒。

言歸正傳，剛剛講到艾克勒異於常人、超喜歡報稅季——我說，天底下有誰喜歡報稅啊？鹿便便啊，捨他其誰。他為什麼喜歡報稅？因為採用獲利優先系統的好處，就是再也不需要擔心錢不夠繳稅。

「我一月四日以前就把所有文件交給會計師了，因為我等不及要聽他們說我要繳多少稅。二〇一五年年底，我的稅款帳戶裡有三萬美元，但我只要繳一萬元的稅就行了。喔耶！發獎金啦！」

艾克勒告訴我，他一開始用獲利優先系統就停不下來，也沒有理由中斷。「我覺得很安心，因為我知道只要打開我的銀行APP，快速看一眼就能知道狀況……登入……安啦。」

獲利優先的重點不是精確記帳，那是記帳士和會計師的工作，我們要做的是快速並輕鬆處理會計問題，使用的數字只要盡可能精確就可以了。我們用實際營收當分母來分配金額，所有「小盤子」帳戶這樣做帳。

稅款這個小盤子設計得很清楚，就是用來支付企業直接稅額，還有（這點很重要）支付**業主的個人所得稅**。我要再次強調，因為很多人都會忽略這件事：你的公司（假定你是老闆）要幫你準備個人所得稅，並繳清稅款。講白點，你創業的原因就是為了達到財務自由，如果這是真的，那為什麼公司不應該幫你繳個人所得稅？呃——沒錯！所以這就是你要做的事。

報稅截止日到了、你送出季報之後，公司就會幫你繳清稅款。不要糾結細枝末節，如果你的稅款是從薪資扣除（有限責任公司的股東可以領取獲利分配，但如果是小型股份有限公司或是股份有限公司，可能就會從薪資扣除），這套模式還是可以運行，你繳的稅可以報公司帳。所有稅款（包括，更正，**特別是**你個人的稅）都應該由公司支付，不是你。懂了嗎？非常好。

設定稅款目標分配比例的第一步，就是要確認你的所得稅率。稅率的範圍很廣，取決於你的個人收入、企業獲利，還有你住在哪裡。在我寫這本書的時候，創業家的平均所得稅稅率是三五%左右，有些人繳得少，也有些國家的所得稅稅率會高達、甚至超過六〇%。

獲利優先系統的目標之一，就是讓公司負責繳納各種稅款。你必須先跟會計師討論，請他告訴你，你個人和企業要繳哪幾種稅。

以下是三種決定稅款目標分配比例的方式：

一、看一下你個人和企業的稅額，把稅額加總起來，看看它們占實際營收的比例是多少，再用同樣的方式計算前兩年的比例。檢視過去三年，稅額占實際營收的比例，可以幫助你清楚了解繳稅狀況。

二、請會計師幫你估算從年初至今公司要繳多少稅，再看這個數字占年初至今的實際營收比例是多少。

三、如果是美國企業，稅款比例可以直接設定成三五％。如果公司設在別的國家，用你那個收入等級的現行平均稅率計算即可。這種算法可能不完美，但通常很有效。最完美的數字應該可以讓你不用到了年末才發現要多繳稅，也不會拿到退稅款項。不過，與其因為錢不夠而接到會計斯凱斯的電話、只好問女兒能不能商借小豬撲滿裡的錢，不如猜個高一點的金額、讓政府退稅，再去想多出來的錢要怎麼花。信我一把。

但等一下：如果稅率是三五％（再次重申，這是美國較高所得公民的稅率），為什麼只要保留一五％的實際營收當稅款就夠了（請參照我在即時評量那章提供的數字）？我們來做點簡單的數學運算。

簡單的數學計算

把錢移到獲利帳戶、業主薪資帳戶和稅款帳戶之後，現在我們要決定留多少錢給營業費用帳戶。剩下來的錢通常落在實際營收的四〇%到六〇%之間，這是你可以拿來支付費用的錢。

接下來，用一〇〇%扣掉營業費用的分配比例。假設你的總營業費用占比是五五%，用一〇〇%去減就剩下四五%，這四五%是會被課稅的部分（通常費用都不用課稅，這是為什麼到了年底，很多會計師都會鼓勵你去購買設備或是進行大額採購）。現在用非營業項目的比例（這個例子就是四五%）去乘上需課稅的收入比例（這裡是三五%），乘積大約是一六%，也就是你的稅款分配比例。

現在你已經比較精確了解自己的實際分配比例，也準備好要正式啟航。下一章節我要帶你走過採用獲利優先的第一年以及之後幾年的光景，列出所有你從第一天採用系統就該知道的事情。恭喜你！你活下來了，傳張自拍照給我吧！

我可以感受到你急著想把系統應用到公司裡的心情，快把嘴角的口水擦一擦，開始行動。

採取行動：應用你的進階知識

步驟一：依據上述詳列的步驟，按照產業狀況與其他因素，算出你自己的獲利、業主薪資與稅款占比，並設定各個項目的目標分配比例，當它們當做目標。這就是地圖上你要去的「X」點，而不是起點。

步驟二：既然你決定要追根究柢，找出確切的獲利、業主薪資、稅款比例，現在先暫停一下，回頭修正即時評量表中的數字。

步驟三：設定你的目前分配比例。這一季還沒過完的部分，請把目前分配比例設得比過往的數字「高」一個百分點。換句話說，要讓獲利、業主薪資和稅款各自增加一個百分點，同時讓營業費用減少三個百分點。每一季我們都要提高目前分配比例，如此一來，你會一步一腳印，讓公司愈來愈健康，荷包愈來愈滿。

第六章
正式啟動

莫瑞爾與潘恩可以算是讀完我的著作之後，率先執行獲利優先系統的兩位企業主，不過他們看的不是這一本書，而是《衛生紙計劃》，那本書裡面有簡單介紹獲利優先的大概念。《衛生紙計劃》出版後，我在紐澤西州的紐華克（Newark）和幾名搶先看的讀者見面（話說紐華克可是個度假勝地，嗯，大概和北韓一樣熱門）。莫瑞爾與潘恩特地從佛羅里達州南部北上參加見面會，他們到紐澤西的旅費就是從獲利帳戶提撥的。但這可不只是商務旅行而已，他們還帶另一半同行，見面會一結束，他們就前往紐約觀光（當然是在他們好好逛完紐華克的景點之後）。莫瑞爾與潘恩只靠著我在書裡提到的短短兩個段落，就徹底執行獲利優先系統，而且立竿見影。

二〇〇七年，莫瑞爾和潘恩開始經營專業發動機控制器維修業務，夢想總有一天可以享受他們心中當老闆最爽的事情：賺取獲利，或是有多餘的閒錢拿來支應自己的興趣，還可以少工作一點。

看到這裡，許多資深創業家都會乾笑幾聲，因為他們一眼就看出莫瑞爾和潘恩是天真的夢想家。難道他們不曉得創業就是犧牲自我嗎？自由時間存在的意義就是讓我們做更多的工作。而且，除非這兩個人特別幸運，否則要賺到夠多錢讓他們享受自己的小興趣，還有得等咧，是吧？

你錯了。

莫瑞爾和潘恩創業兩年後，便決定每年幫自己調薪，他們相信這是真正享受創業福利的唯一方法（他們已經比大部分的創業家幸運了，因為他們當時**真的**有足夠的錢來支付自己的薪水，也沒有被債務壓到喘不過氣）。

接著二人看到《衛生紙計劃》裡面關於獲利優先的段落，並馬上開始實行。接下來的幾年，兩位老闆持續調整獲利優先系統，以符合公司高速成長的需求。他們修正獲利帳戶的分配比例，並且放手讓獲利優先系統掌控公司成長，如此一來，他們永遠不必擔心公司會因為幾筆大額採購或發放過高的薪水而倒閉。

二〇一三年，公司營收超越會計師的預期，銷售金額年年成長，預計兩年之內就可以突破營收一百萬美元大關。員工人數是以前的三倍，但由於他們敏銳而謹慎地規劃，並且採用獲利優先系統，公司並沒有因為營業費用過高而背負沉重的壓力。更重要的是，公司為他們服務，兩個人在公司工作不但可以領取與職位相符的薪水，也可以從獲利帳戶中拿到大額的獲利分配，讓他們得以享受創業之初在心中繪製的美好藍圖。莫瑞爾和潘恩達成了所有創業家的夢想：讓公司**提高**生活品質，而不是摧毀它。他們不為公司服務，而是讓公司為**他們**服務。

撰寫增修版的《獲利優先》之際，我聯絡了莫瑞爾和潘恩，問他們這幾年下來，獲利優先系統運行得如何。莫瑞爾興奮地與我分享他去風箏衝浪和滑雪的心得——他是個不折不扣的冒險家。聽他講完我們才開始討論公司的狀況。

「我們現在有六名員工，每個人的薪水都高於業界平均。」莫瑞爾說：「我們可以用現金購置昂貴的設備，長期下來，那些設備可以幫助我們精簡流程，進而賺取更多獲利。我們也已經把獲利的分配比例調高到九％了。」（特此說明，九％的獲利遠遠超過他們每隔幾週就發放給自己的優渥薪水。）

莫瑞爾解釋，遵循獲利優先系統讓他們手邊永遠都有足夠的現金去談好一點的合約，幫他們省錢；像是他們可以一口氣預付一整年的服務費用，換取折扣。獲利優先系統上軌道之後，他們可以快速決定採購案，不用擔心負擔不起。

一開始，他們的會計師並不認同獲利優先的做法，但現在會計師也相信，莫瑞爾和潘恩不是好運而已，而是因為用了這套系統，才有辦法讓每一筆交易都獲利。因此，會計師現在百分百認同獲利優先，並陪他們一路前行。

獲利優先系統絕對可行，句點。無論你是用我在即時評量中提供的比例，還是檢視公司和產業的情況之後，自行決定適合的最佳目標分配比例（請見第五章），這套系統都能發揮功效。你可能會問，為什麼比例不同，還是可以成功？因為你的獲利、業主薪資和稅款目標分配比例都只是目標而已，你不會把目標分配比例當起點，而是朝著目標一步步邁進。只要開始採取行動，你就會慢慢把公司變成一部精實、出色又有效率的機器，讓你收到的每一筆款項都能為你創造獲利，不論金額有多小。

在這一章節，我會明確告訴你要如何一步一步、日復一日、月復一月持續執行獲利優先系統。你的目標獲利比例如今看起來或許遙不可及，但到了今年年底，你會發現自己比想像中更接近目標，甚至把目標甩在後頭。

第一天

一、告知內部成員

莫瑞爾和潘恩一開始就把財務專家找來，一起執行獲利優先系統。「我們剛接觸獲利優先的概念時，覺得很合理。」莫瑞爾某次跟我通電話說明執行進度時告訴我：「我把數字都找了出來，和記帳士、會計師一起做了那一年度的預測，並設定一開始的獲利帳戶分配比例。」

會計師接受獲利優先的原則和流程之後，莫瑞爾和潘恩就把獲利優先的做法套用到公司裡，結果非常成功。會計師協助他們達成獲利優先的目標，並且堅持到底。

但不是每一位會計專家都了解獲利優先的概念，你跟他們解釋這套系統，他們的反應有可能是一句不屑的「呿」。我等一下會告訴你怎麼跟他們溝通。重點是你要知道，你就算自己獨立執行，也可以很成功；或乾脆找其他懂這套做法的會計師來幫你，那樣更好。

為了讓你輕鬆一點，我列了一份會計師、記帳士、財務規劃人員和其他專家的名單，這些人不只了解獲利優先的概念，本身也都採用這套系統。試想，證券業務員叫你買某一檔股票，自己卻不敢把錢全部投進去，我就問：他真的相信那支股票會漲嗎？顯然是不夠信任，才沒賭上畢生積蓄。我從不聽信那些滿口建言、卻不躬體力行的人。我們推薦的專家不僅了解獲利優先系統，自己也願意採用，並且幫助既有客戶運用系統。請上ProfitFirstProfessionals.com看看專門執行獲利優先系統的財務專家清單，我們會幫你找到最好的人選（你要的話，也可以找一整支團隊），他們會在幾分鐘內幫你上軌道。只要你有需要，他們就會持續從旁協助。

通常來說，公司裡和「錢」有關的人聽到獲利優先系統的內容，都會皺個眉頭；你的會計師或記帳士也有可能秒懂，並且熱情地想助你一臂之力。可惜按我的經驗，後者的狀況很少見。

對於會計師或記帳士而言，光是跟他們說要先提存獲利，可能就會讓他們像電影《大法師》（*The Exorcist*）裡的小女孩一樣，頭轉個三百六十度。你得從他們的角度看事情。你雇用的會計專家過去成長的環境充斥著傳統的法律與規則，會計學一直以來依循著同樣的道理運作至今。管理現金流量的傳統方法就是設定預算之後，按照預算行事。只要照會計師說的做、不要走偏，公司就會獲利。

如果你雇用的是持續精進的會計師，那麼她應該會迷上獲利優先系統，她會想盡辦法幫助你成長，協助你更輕鬆賺取獲利。請她從閱讀這本書開始，並且務必請她去看獲利優先專家網站，取得為會計專業人員設計的專門培訓課程和／或工具。

但如果你的會計師和記帳士堅持己見，叫你不要執行獲利優先系統，那怎麼辦？請你這樣做：詢問她是否有實際執行過獲利優先系統的經驗（或其他「先付錢給自己」的系統），如果有，請她解釋為什麼那條路走不通。準備好面對她茫然的眼神，因為如果她曾經順利執行過「先付錢給自己」的系統，就會知道這種做法可行，而且屢試不爽。

如果你的會計師或記帳士跟你說：「沒有人這樣做的。」你應該打臉她（當然不是真的打下去），因為她自己沒跟身邊少少幾個客戶談論過，不代表全世界都跟她一樣。事實完全相反，每天都有愈來愈多公司加入獲利優先系統的行列。

如果你的會計師或記帳士還是固執得像頭牛，請你問她：「妳的客戶當中有多少人按照妳的說法去做而穩定獲利？全部嗎？一半？還是一個都沒有？」問完就等她開始喃喃自語、掉眼淚，或切腹自殺。

大部分的會計師都是依據傳統的一般公認會計準則來進行現金管理，能有幾個有辦法獲利的客戶算他們走運，畢竟多數客戶都為了生存下去而苦苦掙扎，看到這種情況他們應該要瞬間清醒才對。

要求你的會計師閱讀《獲利優先》，從第一頁讀到最後一頁，並且幫助你建立系統。如果他們不願意聽你的意見（記得，你是客戶，他們的工作就是要幫你盡可能提高獲利），請去找其他的會計專業人員，找一個不僅支持獲利優先的概念、還受過特別訓練的專家（如果你不知道該從哪裡開始，請上ProfitFirstProfessionals.com）。在跟你那位老古板會計師說再見之前，送她一本《獲利優先》當餞別禮，順便附贈一張海報大小、我對她吐舌頭的照片。

二、設立你的帳戶

進行下一步之前，你應該已經先在主要的往來銀行設定好五個基本帳戶了（收入、獲利、業主薪資、稅款和營業費用），並且在新的、無誘因的往來銀行開了兩個戶頭（獲利保存與稅款保存）。如果還沒開戶……你還在等什麼啊？如果你不好好完成自己分內的事情，我要怎麼跟你一起進步？**不要**，我再說一次，**不要**試圖抄捷徑，別想說在試算表或原本的會計系統裡面執行獲利優先就行了，更不要想在腦袋裡運作整套系統。多等一秒都不行，你他媽現在就給我去設立這些帳戶！

接下來，你要幫每一個帳戶取暱稱，在帳戶名稱旁邊列上目前分配比例，後面括弧寫上目標分配比例。舉例來說，如果是幫獲利帳戶取小名，目前分配比例是八％、目標分配比例是一五％，那麼帳戶的暱稱就是「獲利：八％（目標一五％）」，這樣你就可以很快知道錢的流動狀況，以及你要努力達成的目標。登入帳戶幾秒，各個用途的款項餘額、你分配了多少營收到不同用途，以及你設定的現金流量目標全部一目了然。

你在銀行開的帳戶，最後應該長得像這樣（當然，目前分配比例和目標分配比例是按照你們公司設定的數字來填寫）：

- 收入
- 獲利：八％（目標一五％）
- 業主薪資：二〇％（目標二五％）
- 稅款：五％（目標一五％）
- 營業費用：六七％（目標四五％）

目前分配比例——輕鬆起跑

親愛的，我們有進展了！我們已經幫你在銀行設好帳戶，取了超級實際的暱稱，也在進行即時評量的時候，決定好各個帳戶的目標分配比例。但是目標分配比例只是目標、是我們前進的方向，而**不是**開始。一開始，我們要設立可達成的獲利比例、可行的業主薪資與合理的稅款準備金額度，讓我們有足夠的時間慢慢刪減開支，並且在業務範圍內找到獲利機會，按照新系統做出調整。我們現在就來設定各個帳戶的目前分配比例。

	第零天	調整	第一天
獲利	0%	+1%	1%
業主薪資	17%	+1%	18%
稅款	5%	+1%	6%
營業費用	78%	−3%	75%

計算目前分配比例的時候，以各個帳戶第零天[1]的提撥率為基準，加一個百分點，就是你第一天[2]執行獲利優先系統的分配比例。有幾個帳戶「第零天」的數字可能是○，如果你的公司一直沒有獲利，或是時而獲利、時而虧損，那麼獲利這個項目的目前分配比例就是○。因此，你「第一天」輕鬆起跑的時候，獲利帳戶的目前分配比例就是一％（歷史紀錄○％，從今天開始加一％）。等我們設定好季度節奏，就會逐步調高這個比例。

假設你的公司以前繳的稅[3]是總營收的五％，稅款準備金的目前分配比例就是六％，這是用第○天的稅款分配比例五％加一％得到的結果。如果你的薪資占公司收入的一七％，那就加一％，得到業主薪資的目前分配比例是一八％，以此類推。就算你的目標遠遠高出現在算的數字，我們還是從既有的數字開始加一％，推算出獲利、業主薪資、稅款的分配比例。接著，我們用營業費用過去占的比例去扣除對另外三個帳戶做出的調整比例總和。

明明可以做得更多，為什麼要從這麼低的比例開始？因為現在最主要的目標是要為你設定新的全自動流程，我希望金額小一點，小到你甚至沒有感覺。目標是立即設定這幾項自動分配比例，再每一季調整比例，直到我們達到目標分配比例為止。一小步、一小步走，你就會擁有前進的強大力量。

莫瑞爾和潘恩超級務實，他們一開始設定的獲利優先比例才二％。這個比例五年多前就設好了，當時我還沒有優化系統，所以他們的數字不是按照我剛剛說的一％法則設定的。他們之所以選擇設在二％，是因為莫瑞爾雖然知道獲利優先的概念百分之百合理，但還是不太願意真正執行整套系統。

莫瑞爾解釋：「我覺得如果慢慢來，就可以先看看獲利優先系統如何運作。」「歸根究柢，我發現如果只設定二％，那就找不到不去嘗試的藉口。畢竟如果你的公司連提出二％的營收都做不到，那這個事業大概也不值得經營。」

起步慢一點，很慢很慢，設定低百分比，低到讓你**找不到不去嘗試的藉口**。

一開始設定的這些目前分配比例是每季的分配比例。不管這一季只剩下一個禮拜還是剩下九十一天，剩下的時間我們都會用相同的比例來分配營收。

大部分的公司之前從來沒有領取過獲利，而且只能盡量給業主一般薪資。在這種情況下，第零天的獲利分配比例會是〇%。不要因此感到挫折，其實大部分的公司都沒看過獲利，你一點都不孤單。還有一種狀況是，有些老闆一看到公司有閒置資金，就會把錢從公司帳戶領出來，因此不太確定這些錢到底該算業主薪資還是獲利。答案很簡單：全部都是業主薪資，完全不算獲利，也就是第零天的獲利比例是〇%。也有些時候是損益表上列出獲利，但是你把錢領出來、盡可能支應個人的生活，按照我們的算法，這也算是沒有獲利的狀況，第零天的獲利分配比例是〇%。

第零天的業主薪資是你今年度從公司領取的薪資，只要沒有被算成獲利項目（前一個段落已經解釋過了），你的薪水和獲利分配都算在業主薪資。講超級無敵白話：你很有可能沒有獲利，所以業主薪資就是所有你領到的錢。用業主薪資除以公司實際營收，就可以算出過去的業主薪資比例。

如果你還是不確定哪一些款項算獲利、哪一些算業主薪資，那很簡單：獲利算〇%，其他你（或其他業主）拿到的錢都算業主薪資，算出這兩者過去占實際營收的比例。順帶一提，你去看一下每一位公司老闆的所得稅，就可以找到業主薪資，加總起來就可以了。

第零天的稅款金額是公司（而不是你）已經繳的稅。公司是直接繳稅給政府嗎？是？那就把金額加總起來。公司有代表你直接繳稅給政府嗎？換句話說，你需要繳個人所得稅，那一筆稅款由公司開支票付清。是嗎？是的話，這筆錢也算。但另一方面，你有沒有從公司領獲利分配款或薪水，再自己掏錢繳稅？如果是這樣，那就是你自行繳交個人所得稅，公司沒幫你繳，那就不要算進去。通常來說，公司從來不會幫業主繳稅（即使明明應該要代繳），所以這裡的計算很簡單，第零天的稅款比例是〇％，或是只有極低的比例用來交企業稅。

大部分的公司（我想也包括你的）不會分配獲利給業主，也不會幫老闆繳稅，所以獲利和稅款占比都是〇％，業主薪資的占比就是總業主薪資除以實際營收的比例。如果你被搞得一頭霧水，完全不用擔心，獲利優先系統會自行修正，直接把獲利和稅款的歷史占比設在〇％，並算出業主薪資的比例就可以了。

剩下的部分就是營業費用占比。這個項目應該已經列在損益表上。營業費用包括所有開支，從銷貨成本到SG&A成本[4]，還有介於兩者之間的其他成本統統都算（唯一的例外就是需要調整實際營收的狀況，前面已經解釋過了）。也就是說，除了你用來調整營收、以算出實際營收的費用項目，其他開支全部都算營業費用。如果你還是搞不太清楚，沒有關係——我們再弄得簡單一點，把所有費用都算進來就對了。接下來將費用除以實際營收（實際營收和總收入數目相同），得到分配比例。

這些數字不用完美無誤，如果你是會計魔人，就會想盡辦法要算得很精確，一毛錢都不放過——但這既沒有必要又不可行，也沒有幫助。我們現階段的目標只是要算出大概的起始點。獲利優先系統的設計就是要你馬上推行——這才是首要任務。開始之後再慢慢改進、調整，達到完美的比例。

按照上面幾個步驟操作，你算出來第零天的比例應該差不多會像這樣：

- 收入
- 獲利：〇%
- 業主薪資：四%

- 稅款：〇％
- 營業費用：九六％

從這些比例我們可以看出來公司過去沒有獲利，支付給老闆的錢（業主薪資）只占收入（實際營收）的四％，剩下九六％的收入全部拿去繳帳單了。事實上，我舉的例子不是憑空想像的，這是我好幾年前創的其中一間公司實際的目前分配比例。純粹好玩，我回頭看了一下我九〇年代末期創立的公司（Olmec Systems）數據，當時我還沒有發展出獲利優先系統。那時候，公司經營的模式就是不斷在繳款，仰賴同一個帳戶過活。到了一九九九年，公司的營收剛好超過一百萬美元，我和合夥人只拿了四萬美元回家，剩下的九十六萬美元全都花光了，看下來是不怎麼好玩，結果滿糟的，而且我還渾然不覺。就像是有人把我的雙手反綁、矇上眼罩、嘴裡塞一個堵嘴球（我絕對不是想表達我做過這種事），丟到裡面裝有鈔票亂飛的大機器裡，有點像在一個人體大小、飄著錢的雪花水晶球裡，但我沒有辦法伸手抓住任何一張鈔票。

上述的比例是我親身經歷過的數字，如果你的公司數據跟我差不多，我也不意外。

現在我們已經知道第零天的比例了，接著我們要輕鬆跨入獲利優先的世界。做法很簡單：就是把第零天的獲利、業主薪資，以及稅款的占比各加上一％，並且從營業費用的比例扣除三％。

拿我以前的公司當例子，第零天的獲利比例是〇％，加一％，新的獲利目前分配比例就是一％。第零天的稅款分配比例是〇％，一樣加一％，稅款目前分配比例就變成一％。我的業主薪水占比為四％，要調成五％。營業費用占比九六％，向下調三％，就是九三％。帳戶就變成這樣：

- 收入
- 獲利：一％（目標一〇％）
- 業主薪資：五％（目標一〇％）
- 稅款：一％（目標一五％）
- 營業費用：九三％（目標六五％）

希望看到這裡，你能立刻看出這些數字對我那間營收百萬美元的公司有什麼影響。我的合夥人和我的薪水瞬間從每年四萬美元調漲到五萬美元，到了年底會有一萬美元的獲利，也會有一萬美元的稅款準備金，代我們繳清個人所得稅。此外，我們也會被公司強迫縮減支出，一年只能花九十三萬美元經營公司，不能再花九十六萬美元了。我很確定我們當時可以（如果是現在也一樣可以）找到節省開支的方法，因為我們很清楚自己必須採取什麼行動。

三、進行第一次分配

你應該聽過人家說：「今天是你餘生的第一天。」我好愛這句話。對我來說，這句話背後的真諦是我們可以一夕改變人生（與事業），而現在就是改變的時刻。**這一刻**，我們就要為你的公司賺取獲利，並且在接下來的每一天都能持續獲利。請不要只看到這裡，就跳到下一章去，我希望你現在馬上行動。

此時此刻，請看一下你原本的主要戶頭裡有多少錢，這個帳戶已經改名為營業費用帳戶了。扣除所有未兌現支票和待付款項之後，把剩下的錢都轉到收入帳戶。

現在我們要來進行第一次的款項分配，依據你設定的目前分配比例把收入帳戶裡的錢轉到其他帳戶（獲利、業主薪資、稅款和營業費用）。這是你這輩子第一次「分配」，也是除了接受銷貨帳款之外，你將來使用收入帳戶的唯一方式。

我們馬上來進行分配。假設你舊有的主要帳戶裡有五千美元，你已經把帳戶名稱改成「營業費用」，還有三千美元的未兌現支票和待付款項，那就表示你手邊還有兩千美元可以用。把這兩千美元轉到收入帳戶，再根據比例，把錢全部轉到其他帳戶。

依據你設定的比例分配這兩千美元，把錢轉入其他戶頭。延續剛剛的例子，兩千美元分配的方式如下：

● **收入**

↓這個帳戶原本有兩千美元，最後剩下〇，錢全部按照既定的目前分配比例分配到獲利、業主薪資、稅款和營業費用帳戶。

● **獲利：一%（目標一〇%）**

↓轉入二十美元。

- **業主薪資：五％（目標一〇％）**

↓轉入一百美元。

- **稅款：一％（目標一五％）**

↓轉入二十美元。

- **營業費用：九三％（目標六五％）**

↓轉入一千八百六十美元。

看到分配後的數字，你就可以看出雖然這些百分比不漂亮，但顯然有一大部分的錢都花掉了。建立一套系統讓現況一目了然的感覺很好，不過，即使這張快照有點醜，也算是我們想要的結果，因為隨著時間過去，你會有動力持續改善分配比例，讓不好看的數字愈來愈漂亮，也會想縮減開支；或許更重要是，你會找到提振獲利能力的方法（透過創新，想出全新、更好也更有效率的做法）。這個系統會強迫你看清楚手中有多少錢，以及錢都花到哪裡去了。如此清晰的資訊擺在眼前，你就可以做出更好的決定，增強公司體質。

看完範例後，現在就想一下你手邊有沒有要拿去存的錢？如果有，把錢算一算、放到銀行裡，並且**立刻**把錢分到各個帳戶，接下來收到的每一筆款項都要這樣做（如果你收到很多筆存款，不用擔心，你不需要每天做、或是一天重複好幾次，我們很快就會教你如何設定每月兩次的節奏，讓這套流程更容易管理）。

四、第一天，第一次慶祝

恭喜你！這可是我的肺腑之言，你剛剛跨出了一大步，這很可能是你在商業界打滾的人生中，第一次刻意先把獲利獨立出來。在計算其他項目之前，你先預留了獲利、個人收入和要繳的稅款，這是件大事，也是邁向超級無敵健康的公司的一大步。我敬你！今晚好好喝一杯瑪格麗特，啊，當然這是假設你喜歡瑪格麗特，如果你不喜歡可以跟我說，我會以你之名、替你乾一杯。

第一週：減少支出

把錢分配到獲利、業主薪資、稅款和營業費用帳戶之後，我們得從某個地方賺錢。基本上只有兩種方法：增加銷售或減少支出。增加銷售完全可行（你看過《南瓜計劃》和《高飛計劃》了吧？）也是大幅衝高獲利的關鍵，但是提振銷售需要時間，無法一夕達成。倒是減少支出往往可以很迅速，而且也很容易。依據我和各家企業共事的經驗，要在一夜之間砍掉一〇％到二〇％的費用簡直易如反掌。我們總是會有許許多多沒必要的開支，像是明明沒在用卻一直繳的會費、驚艷不了任何人的辦公空間、那台只因為想買就買了的昂貴汽車，甚至是幫不上什麼忙的冗員。刪減沒必要的費用可能會讓你感到心痛，但比起憑空變出新的銷售簡單多了。

莫瑞爾和潘恩總是依據自己現在的能力決定要怎麼經營公司，而不是看他們未來可望能負擔的程度決定，也就是說，有時候他們得緩一緩才能雇用新人，或是進行大額採購。莫瑞爾解釋：「看到大額費用的時候，我們就會坐下來問問自己我們真的需要這個東西嗎？如果我們認為會衝擊到年底的獲利，那就不會購入。」

到目前為止，我們已經至少把三％的收入移走了（獲利、業主薪資和稅款帳戶各拿一％），所以預算必須砍三％。為了達到這個目標，我要你印出兩樣東西：

一、過去十二個月的費用列表。

二、所有重複性的支出：房租、訂閱費、網路費、培訓費、課程費、雜誌等。

現在把所有費用相加，相加的和乘上一〇％，就是你必須砍掉的費用。現在馬上！沒有「如果」、「而且」或「但是」！

為什麼明明占比「只需要砍三％」，我卻說要砍一〇％？因為刪減費用不代表費用一轉眼就會不見，可能要一到兩個月才能把現在刪掉的費用尾款繳清。更重要的是，我們要在下一季之前建立現金準備，因為到時候我們就要再撥三％的營收到獲利、業主薪資和稅款帳戶，再下一季又是三％，所以我們得趕快擠出錢來支應。

你只要做以下幾件事情，就可以輕易刪掉一〇％的費用：

一、所有沒辦法幫你提高經營效率和滿足客戶需求的東西都可以砍掉。

二、重新議定剩下的每一項費用，只有薪資不動。

在接下來的章節中，我會更仔細說明如何刪減費用，你很快就會成為節儉（但不窮酸）的創業家，你會懂得怎麼善用手邊的資源，不鋪張浪費。你還是會為自己使用的資源支付合理的費用，但你會少用一點資源，而你會**愛上**這樣的成果。

每月兩次：十日與二十五日

幾年前，我把獲利優先系統解釋給我的朋友黛博拉．柯特萊（Debra Courtright）聽，她經營一間記帳公司，名為 DAC Management（讓你猜猜她的中間名是哪個字母開頭的？夠明顯吧！）從那天開始，她就把獲利優先系統融入自己業務中，拯救了好幾家公司。事實上，她不只是拯救了那些公司，還把它們都變成金雞母。

第一次教她怎麼幫助客戶採行獲利優先系統的時候，我開車到她位在紐澤西州費爾菲爾德（Fairfield）的辦公室，花一整天解釋所有進階策略。一日培訓才過一個小時，她不只精通整個系統的概念，還跟其中一位客戶通電話，幫對方設立獲利帳戶。

我隨身攜帶著行動辦公室（背包裡放筆電、其他電子用品以及重要的求生必需品，像是Milano薄荷巧克力夾心餅乾）。所以當柯特萊在跟客戶說明獲利優先的基本概念時，我順手處理了幾件待辦事項，我知道有幾張帳單要到期了，於是登入網路銀行看一下營業費用帳戶的餘額，確定資訊已更新。很好，獲利帳戶也更新了，稅款帳戶看起來沒問題，業主薪資帳戶——打勾，還有其他我們晚點再介紹的進階帳戶也都確認沒問題，現在就要從我的營業費用帳戶轉帳繳款。

「你為什麼要今天繳錢？」柯特萊突然發問嚇了我一跳，我根本沒發現她在我背後探頭看著螢幕，我還真的噴了幾滴咖啡。哪天遇到柯特萊，你一定看不出來她其實是受過完整訓練的超級忍者，但她絕對是：柯特萊老是會神不知鬼不覺猛然出現在你旁邊，特別是當你準備進行一些愚蠢財務行為的時候。

我一頭霧水，答道：「呃……因為我現在有空，帳款又到期了。」

柯特萊直言：「喔，還真蠢。」（忍者是不會美化言詞的）

於是，柯特萊教了我十日與二十五日的現金流節奏，也就是每個月繳兩次款，一次十日、一次二十五日。從那天開始，這套法則就正式整合進獲利優先系統當中。謝謝柯特萊！（假設這是妳的真名）

我馬上把這套新流程套用到自家公司，我接收帳單、存入收入，但僅此而已。我不再因為有空、或是有人打來問我收到收據沒有而做帳，我建立了自己的節奏：每個月十日和二十五日做帳（如果十日或二十五日是週末或放假日，那就是前一個營業日結算）。

首先，我把過去幾週的新存款加總起來，進行獲利優先系統分配，把錢轉入各個帳戶，接著結算所有帳單，並且寫入系統。

就像變魔術一樣，我對帳單愈來愈無感，我不再因為接到一大筆帳單而立刻查詢銀行帳戶，並且思考自己為什麼花那麼多錢、到底能不能繳清。我反而覺得自己更能掌握情勢，一個月兩天，同時結算帳款和存款，並從中看出規律。我發現我八〇％的帳單都是在月初到期，少數是下半個月到期，我的存款也符合類似的規則。

我也發現自己有很多「小額」但重複出現的帳款，加起來就是一大筆錢，但並非必要開支。我逐漸看出趨勢，也了解自己的現金流。我並沒有因此開始累積欠款，能付的先付、付不出來的就繼續擱置，而是開始管理帳單，刪除不必要的費用，也開始準時繳費，不再有任何逾期欠款。

麗姿．多賓絲卡（Liz Dobrinska）是個繪圖神人，幫我設計網站。她告訴我：「我不知道發生了什麼事情，麥克，但是你現在都準時給我錢，真希望所有的客戶都跟你一樣。」

在我遵循柯特萊的建議之前，我付錢給多賓絲卡總是很不規律，有時一收到帳單就付了，有時則被我擺在一邊等個六十天、九十天。不是我壓榨她，純粹是因為我開啟了「反應模式」。我以前用的記帳方法無法讓我有效了解自己的現金流，或者讓我重要的上游賣家開心，十日與二十五的付款節奏改變了這一切。

設立節奏的步驟如下：

步驟一：把所有的營收存到收入帳戶。

步驟二：每個月十日和二十五日，把前兩個禮拜收到的新存款按照目前分配比例轉進各個「小盤子」帳戶，再與帳戶裡原有的錢（如果有的話）加總。舉例而言，假設你過去兩個禮拜總共收到一萬美元的帳款，按照下面這個範例的比例，一萬美元應該這樣分配：

- **收入**

↓這個帳戶一開始有一萬美元，所有錢都分配完之後，就會歸零。

- **獲利：一%（目標一〇%）**

↓原本有二十美元，加上新轉入的一百美元＝一百二十美元。

- **業主薪資：五%（目標一〇%）**

↓原本有一百美元＋五百美元＝六百美元。

- **稅款：一%（目標一五%）**

↓原本有二十美元＋一百美元＝一百二十美元。

- **營業費用：九三%（目標分配比例六五%）**

↓原本有一千八百六十美元＋九千三百美元＝一萬一千一百六十美元。

步驟三：把稅款和獲利帳戶裡所有的餘額都轉到你在次要（無誘因）銀行開的對應帳戶。

● **收入**

↓〇美元。

● **獲利：一％（目標一〇％）**

↓一百二十美元轉到獲利保存帳戶。

● **業主薪資：五％（目標一〇％）**

↓六百美元。

● **稅款：一％（目標一五％）**

↓一百二十美元轉到稅款保存帳戶。

● **營業費用：九三％（目標六五％）**

↓一萬一千一百六十美元。

步驟四：你的業主薪資帳戶餘額六百美元，可以用來付錢給自己，你只能領取一開始分配的雙週薪資，剩餘的錢要留在戶頭裡累計。以這個例子來說，假設你的雙週薪資是五百美元，那戶頭裡就會剩下一百美元。

在我們進到下一步之前，我知道你看到這些比例和金額分配，心裡一定在想：「搞什麼啊？這種數字誰還活得下去，所有錢進來就直接出去了啊！」**正是如此。**這套系統會讓你立即看清楚有多少錢一流進公司，轉手就出去了，就像流進充滿破洞的水桶一樣。我們很快就會開始調整這些比例，而且會努力不懈、持續調整。即便此刻很痛苦，起碼狀況明朗了，開心接受吧（雖然這份清晰感讓人**心痛**就是了）！

步驟五：營業費用帳戶裡剩下一萬一千一百六十美元，請用來繳費。延續上面的例子，假設你這段期間要繳的費用是一萬美元（看到這個數字你的胃應該翻攪了一陣，我們會把它砍低），那帳戶就剩下一千一百六十美元。

這個步驟完成之後，帳戶的狀況應該是這樣：

- **收入**

→〇美元。

- **獲利：一％（目標一〇％）**

→〇美元。

● **業主薪資：五％（目標一〇％）**

↓一百美元。

● **稅款：一％（目標一五％）**

↓〇美元。

● **營業費用：九三％（目標分配比例六五％）**

↓一千一百六十美元。

在無誘因銀行設立的帳戶已經收到頭一筆款項，帳戶情形如下：

● **獲利保存**

↓一百二十美元。

● **稅款保存**

↓一百二十美元。

獲利保存和稅款保存帳戶會幫你把錢留在次要銀行，持續累積。隨著新的存款不斷流入，你每一次都要把錢放進收入帳戶，接著再未來每個月的十日和二十五日，重複上述五個步驟。

這裡有一個重點：你有可能會遇到帳戶裡的錢不夠、無法繳費，或者不夠給你足額薪水的情形，請正視這個警訊。如果你帳單繳不出來，那就是公司扯著肺在尖叫警告你：你負擔不起那些費用。如果錢不夠支付你合理的薪水，那就是公司在對你吶喊，提醒你要改變經營方式，否則就得不斷犧牲自己。採用獲利優先系統不是導致這次危機的原因，它只是幫助你看到危機，公司無法支應你的花費。不要慌張，好好運用目前分配比例，你就可以盡量無痛調整成到十日與二十五日的節奏。就算那幾天你無法把錢全部繳清，也必須要進入這個節奏，因為唯有如此，你才能了解金錢的累積與流動，就像心臟穩定輸送血液而有了心跳，金錢是公司的命脈，它也應該依循類似的節奏流動，而不是在你有錢的時候，毫無規律、時而猛力擠壓。

第一季

季度分配

進入新的一季，喔耶！你即將要拿到人生中第一張季度獲利分配支票了，沒錯寶貝，你的公司現在是為**你**服務。你每一季都可以取得獲利分配，每九十天就能分享獲利，這時，你創造的科學怪人搖身一變，變成強而有力、討人喜歡的怪獸，它用銀盤為你送上精緻美饌，搭配加州黑皮諾高級紅酒。你難道不想捏捏怪獸可愛豐滿的臉頰嗎？

獲利分配是股東（你和其他為公司出錢出力的人）的禮物，是這些人鼓足勇氣、承擔風險創業而得到的回報。獲利分配和業主薪資不能混為一談，業主薪資是老闆在公司工作所領的薪水，獲利分配是給股東的回饋。就像你投資上市公司，沒在公司打雜也能拿分享獲利，你也可以拿到自家公司一部分的獲利。獲利是給股東的獎賞，業主薪資是給業主兼經營者的薪水。

每年的季度行事曆如下：[5]

- 第一季：一月一日到三月三十一日。
- 第二季：四月一日到六月三十日。
- 第三季：七月一日到九月三十日。
- 第四季：十月一日到十二月三十一日。

每一季的第一天（或是第一個營業日），你要進行獲利分配。請記得獲利帳戶有下列這幾個用途：

一、給予公司股東金錢獎勵。
二、檢視公司成長的指標。
三、遇到緊急狀況時的現金準備。

計算帳戶中的獲利總額（今天才收到、按季度分配比例分配的存款先不要計入），並將其中五〇%視為獲利，另外一半則算做準備金。不管你從哪一天開始採用獲利優先系統，下一季的第一天都要進行本季的獲利分配。舉例而言，假設你是八月十二日開始使用獲利優先系統，從那之後開始把錢分配到不同的帳戶，到了十月一或是下一個財務季度的首日，就要分配獲利帳戶中的金額。不管你是從七月三日還是九月三十日開始採行獲利優先系統，下一季都是從十月一號開始，那一天要進行前一季的獲利分配。重點不是獲利優先系統從哪一天開始運作，而是建立季度的節奏。

歡迎加入大聯盟，現在你每一季都可以取得獲利分配，就像從大型上市公司取得獲利分配一樣。那些大公司每一季都會公布財報，並且把一部分獲利分給股東，這正是你現在要做的事（看吧！你已經長大了）。話說，季度其實是很好的節奏，兩個季度之間的距離夠長，足以讓你引頸企盼下一次的獲利分配，但又沒有頻繁到讓你覺得這是個人收入的一部分。

每一季你都要從帳戶裡面領一半的錢出來，另一半不動。舉個例子，假設你在執行獲利優先系統的第一個季度裡，存了五千美元到獲利帳戶，新一季的第一天，就拿兩千五百美元出來分給股東，剩下一半留在戶頭裡。

如果公司有多位業主，獲利分配就依據持股比例計算。延續上述案例，假設你持股六〇％、合夥人持股三五％、天使投資人五％，獲利分配就是你拿一千五百美元（持股六〇％）、合夥人拿八百七十五美元（持股三五％），天使投資人拿一百二十五美元。

重點是：獲利分配之後，這些錢**絕對**不能再回到公司裡。你不能講些花裡胡哨的詞，像是**再投資**、**再投入**、**自留額**，什麼漂亮話都無法掩蓋你在挖東牆補西牆的事實。你的公司只能養賴它創造的、營業費用項目的錢來營運。拿獲利再投資公司，代表經營者不夠有效率，營業費用帳戶裡的錢才會不夠用。此外，如果你把獲利拿回公司，就無法享受公司為你服務這個重要的回報，你等於再一次放走了怪物。因此，永遠記得領取獲利，每一季都領，拿來自己花，該好好慶祝了！

歡慶時刻

拿到獲利分配之後，這筆錢就只有一個用途：個人利益。獲利應該是你的獎勵，獎勵你投資創業的勇氣，請把錢花在可以讓**自己**開心的事情上。或許是和家人一起享用美好的晚餐，或許是把錢堆進退休金帳戶、建一座退休堡壘讓你覺得很爽，也可以買下那張你看上的超讚新沙發，又或者你想享受一回夢寐以求的度假。

莫瑞爾和潘恩開始執行獲利優先系統的五年內，他們已經完成好幾趟夢想之旅了——百慕達、中美洲、澳洲、紐澤西州的紐華克（啥？好啦！人家好歹是**花園**州嘛！）（注：紐澤西州的小名是「花園州」）他們倆也帶著自己所愛的人一起去旅行，他們超懂怎麼慶祝。

「採用獲利優先系統之前，我們有點迷惘，經常在想公司什麼時候才會真正起飛，讓我們過上更好的生活。」莫瑞爾說：「我想應該沒有人希望自己只為了薪水而工作，你需要更多誘因。現在到了季末，我們就開始期待，想著接下來可以規劃怎麼把多出來的錢用掉。」

不管做什麼，你都**必須**把獲利用在自己身上！為什麼？因為這是你把科學怪人——那頭噬錢怪物——變成金雞母的方式，讓它給你錢，支持你。每一個季度都為了獲利慶祝，會讓你愈來愈愛自己的公司。

繳稅

你也得每季繳交預估稅。[6] 你的會計師通常會幫你估算每一季要交多少錢，估算出來你就得繳稅，其實你在繳交預估稅額的時候應該不會那麼心痛，因為當季同一天你會拿到比薪水更豐碩的獲利分配。

小碎步邁向目標

每一季你都需要評估目前的比例，並讓它們更接近目標分配比例。你可以調整任一項數字來達成目標分配比例，但切記——目標就是絕對不能走回頭路。我寧願你小碎步邁向目標，也不要看到你一口氣跳很遠，一個月後再往回調。

如果你想保守地調整並修正分配比例，我建議你每一季調整三%就好，可能是把獲利分配的比例從五%調到八%，或是把稅款分配比例從一一%調到一二%、獲利從五%調到六%、業主薪資從二三%調到二四%。

要是可以更進一步，那就盡可能去做吧！只是要記得，你不能「恢復原先的比例」，因這會削弱你新養成的習慣；也不要忘記到了下一季，你又要重複一樣的步驟。沉澱一下，想想你正在做的事。你現在每一季都拿得到獲利分配，還強迫你提升經營效率，你不覺得超他媽的酷嗎？你的小公司現在做的事情和業界龍頭如出一轍，當你聽到彭博廣播電台（Bloomberg Ragio）的主播滔滔不絕，介紹哪家上市公司的季度獲利和股東配息「超乎預期」，你大可以露出燦爛笑容，為那些上市公司的股東感到惋惜，想想他們才拿那麼一點點配比，**你**卻**滿手**自家公司股票。喔天啊，這感覺多爽。

第一年

因為你已經建立季度節奏，每一季評估比例，並且邁向目標分配比例，同時為獲利分配慶祝、檢視支出，所以其實沒有什麼要按年度做的事情。到了年底，你只要確認最終的繳稅金額就可以了。

檢視一下你還欠多少錢，以及之前的預估值與現實差多遠。如果欠稅金額超過稅款帳戶餘額，那有幾個可能的問題：稅款帳戶的分配比例太低，和／或你沒有每一季跟會計師討論，確認稅款準備金是否充足。

如果你到年底還要補稅，但稅款帳戶已經沒錢了，這時候就是除了獲利分配之外，可以從獲利帳戶提款的時刻。事實上你也只能這麼做，獲利不夠分配給股東你不會被抓去關，但欠稅可是要坐牢的（除非你打算躲避追緝，跟美國國稅局玩貓抓老鼠的遊戲，但我不建議這麼做，靠，連富商瑪莎·史都華〔Martha Stewart〕都逃不掉了）。遇到這種情況，請把錢從稅款帳戶和獲利帳戶領出來繳稅，並調整稅款分配的比例，確保明年繳得出稅來。

稅款比例調高幾個百分點，獲利就調降幾個百分點。沒錯，這麼做會衝擊獲利，但是下一季你就會努力提振獲利，現在的重點是要確定你準備好把稅繳清。

如果繳完稅以後，稅款帳戶裡面還剩很多錢，那恭喜你——你可以把錢轉到獲利帳戶，並且進行獲利分配。你可能可以調降稅款的目標分配比例，並同步調高獲利的分配比例，但要記得先跟財務專家討論。

急用基金

隨著獲利帳戶裡的錢不斷累積，你始終只分配五〇%的獲利，剩下的錢就是急用基金。某些層面上來說，你會變成自己的銀行。這是件好事，但手裡拿著太多現金也會出問題（很遺憾，大家都喜歡告口袋深的人），而且有錢也應該拿來投資，不應該放在那邊好幾個月、甚至好幾年不動。以下簡單分析你應該如何處理急用基金。

我之前提過，公司最好要有三個月現金準備，也就是說即使公司三個月完全沒有收入、一毛錢都拿不到，你還是有足夠的現金可以繼續經營三個月，有印象嗎？好，這個準備金就放在獲利帳戶裡面累積，為的是支應緊急狀況。如果帳戶裡的錢超過三個月準備金了，那就是把錢拿回公司裡投資的良機，可以進行適當的資本投資，推動公司業務成長並大幅提振獲利，或是放進「金庫」（Vault）帳戶裡（很快就會講到了，劇透一下）。

獲利優先是一種生活方式

莫瑞爾和潘恩是美國夢的實踐者，你只要開口問，他們一定會告訴你，他們現在所過的生活，就是剛創立Specialized ECU Repair之際，心中企盼的人生。只要按照書中介紹的步驟，你也可以和他們一樣，在回味採用獲利優先的第一年時，心中充滿驚奇與感謝。

前幾天，和莫瑞爾聊完要掛電話之前，我問他：「你覺得你的公司會不會有一天大到不適用這套系統？」

他停頓了一下（我很確定是在想要說什麼），接著他提高聲音說：「你說啥呢？不會。為什麼會？獲利優先是一種生活方式，適合各種人生。」

一種生活方式。我喜歡這個說法。

「一旦有了創業所需的創意，獲利優先系統就是你必須著手進行的下一步。有了讓你深深喜愛的新點子之後，最終還得想辦法活下去，至少應該過上你所期待的生活。」

莫瑞爾，你說得真好。我愛死你了，可能愛到讓你有點不舒服，等你突破百萬美元營收的目標，我要跟老婆克莉絲塔一起南下，和你去風箏衝浪，再到潘恩靠他拿到的獲利分配裝潢過的華美廚房裡，一起喝幾杯瑪格麗特。

採取行動：準備好迎接美好的一年！

步驟一：開始列「慶祝清單」。想想看你要怎麼花掉這個季度的業主獲利分配，列一些小獎勵，以及幾個大獎賞。把清單放在你看得到的地方，啟發並鼓勵你繼續努力，到了季末也可以提醒你，剛拿到的這筆錢有很多實際用途。如果其中一個用途是來找我分享施行獲利優先系統的成功故事，那很酷；但買張機票讓我飛去找你玩風箏衝浪，那就是超級、**超級**酷。

步驟二：把行事曆上所有十日和二十五日都預留下來，你需要花五分鐘執行主要流程，查詢五個基本帳戶的餘額，了解現況，再分配款項、把獲利與稅款轉進無誘因帳戶。如果你有聘請記帳士，她可以幫你分擔一些工作，像是付錢、調節帳戶，還有幫持續賺進獲利的你大聲喝采。

第七章
消滅債務

你無法像急速減肥一樣立即甩掉債務

就算穿上華麗的衣裳，貧窮還是貧窮。公司賺了很多錢，並不代表公司經營得好。有太多創業家總是相信事業成功與否取決於整體營收，並以此為標準採取行動。招攬到大客戶就加大辦公空間，接到大單就去吃頓精緻晚宴，就像讓科學怪人穿上燕尾服，聽著「Puttin' on the Ritz」這首樂曲載歌載舞（向梅爾・布魯克斯〔Mel Brooks〕致敬！）（注：布魯克斯是紐約知名編劇，因編寫《新科學怪人》獲得奧斯卡最佳改編劇本獎的提名。科學怪人演唱「Puttin' on the Ritz」是《新科學怪人》中經典橋段）怪物看起來行動自如，而事實並非如此，只要一個小地方出了錯——像是大客戶突然決定不付錢——怪物就會暴走，一切瞬間崩解。

我在寫第一版的《獲利優先》時，接到朋友彼得（Pete）的電話。我本來就在等他電話，因為之前說好那個週末要在紐約市共進晚餐，而彼得就住在紐約，最清楚當地必去的餐館。我以為他是打來確認行程，通話內容卻出乎意料。

「抱歉，麥克，我這週末沒辦法跟你吃飯了。」彼得說，他的聲音聽起來很僵硬。

「喔不，太慘了吧，我很期待的說。不過沒關係，老兄，我們改個時間吧！」我一邊說，一邊翻行事曆。「怎麼了？你要出差？」

「嗯，算是。呃，也不算。」他嘆了一口氣，接著說：「我，呃……我破產了，麥克，我破產了。」

彼得解釋，銀行要對他抽銀根。如果你沒有這種經驗，我來說明一下：銀行會給你循環信用，這個功能就像信用卡，只要在信用額度內，你想領多少就領多少，之後再慢慢還錢。只要你有準時繳利息、每個月達到最低還款比例，就沒有問題。

但合約上卻明白寫著一項麻煩的條件：銀行可以隨時要求你還清整筆貸款。就算你每個月都有依約定準時還掉一定比例的債務、就算帳戶餘額不多，銀行也可以毫無預警收回過去核發的信用。一旦收到銀行抽銀根的通知，你只有三十天可以籌錢，把所有錢還清。

彼得就接到了這樣的電話。他信用額度多少？一百萬美元。用了多少？**一百萬美元。**可以用來還錢的公司現金準備？一毛都沒有。不用說，我們的曼哈頓晚餐之約就這樣沒了。

彼得好不容易吐出接下來的話：「麥克，你可以幫我嗎？我願意聽你的話，我什麼都願意做，你叫我在街上裸奔都沒關係。」

我當然義不容辭，答應要幫他脫離巨額債務。要是彼得在紐約街頭裸奔，或許可以吸引一些人的目光，也夠我狂虧他好幾年，但鐵定無法幫他還債（更別說此舉還會讓他因為妨礙風化而被罰錢）。於是那晚，我們講了兩個小時的電話，我仔細向他說明了整套獲利優先系統。

起初，彼得感到很困惑——他都已經摔這麼深了，我為什麼還在談獲利？你可能也有一樣的感覺，我懂，當你和彼得一樣深陷嚴峻的困境，很難去想獲利，更遑論規劃如何使用獲利。或許你不像彼得一樣欠了一百萬美元的債務，但我敢說不管你欠多少錢，總有些時候會讓你感覺像欠了一百萬美元。

到了危急存亡之秋，如果把所有的心力都放在還清債務，那你唯一能完成的事情就是還債，最終你還是會陷在側重營收的思維當中，這種想法多半只會讓你累積更多債務。

人生中每次重大轉變、每一個轉捩點之所以會發生，幾乎都是因為持續現況太痛苦了，讓你沒辦法忽視問題。你可以說這是轉折的時機，或是讓人清醒的警鐘。你面臨和彼得一樣的抉擇：要解決當下的危機，還是根除問題？

當人生被「抽銀根」時，我們會採取行動。問題在於，我們的行動往往只是對事件的直覺反應，這種反應的目標狹隘，唯一目的就是要減緩立即性的痛苦，用盡吃奶的力氣把自己拖出泥淖，幾乎沒去想怎麼創造永久性的改變。為什麼很多人減肥之後復胖（甚至變得比以前更胖）？因為他們一達成目標，就立刻改回老習慣。想當然耳，誰都不想這輩子早餐天天喝一加侖的水配葡萄柚，或是花大把時間使用ThighMaster多功能健身曲線器，和它「穩定交往」。反正肥胖的痛楚已經消失了，何必繼續上SoulCycle的動感飛輪課？（注：SoulCycle是美國的健身房，僅提供高價的飛輪課程。）

不痛了之後，在轉捩點上採取的行動也跟著停擺。葡萄柚變成葡萄雷根糖，白開水變成汽水，健身器材也被丟進地下室，和其他立意良善的行動一起塵封。這種情況下，體重帶著報復的心態捲土重來，可謂一點也不意外。畢竟你心裡知道，需要的時候再減肥就好了，又怎麼會介意增加幾公斤？反正再來個快速減肥就好，是吧？去參加《減肥達人》（*The Biggest Loser*）實境秀如何？再說，必要時候總可以靠你知道的那種「手術」。

我朋友彼得想做的事情概念相同，只是面對的危機不同。他遇到的情況可以說是財務上的心臟病，在這個受到強烈衝擊的時刻，他瞬間變成念力超強、志在解決問題的人，他的任務就是要火速擊退債務！他所採取的行動（或反應）等同於快速減肥法，完全沒在想要怎麼讓公司**永遠**保持健康。

即使彼得順利靠著快速減肥模式度過這場危機，幾個月或幾年後，他陷入相同（甚至更嚴重）的危機的機率有多高？超高，高到我敢說是百分之百。

就算公司的債務已經高到要滅頂了，你還是必須養成獲利優先的習慣，先領薪水（沒有例外）。等你按照「獲利優先」系統培養出良好的財務習慣，就可以讓問題永遠消失。財務危機將成為過去式，因為下次再被抽銀根的時候，你一定拿得出現金來還。當時我對彼得說：「面對債務，不管是一千美元還是一百萬美元，或之間的其他數字，你都得永遠消除那筆債務，同時緩慢、按部就班打造獲利。」

我教你的這套獲利優先系統會讓你專心建立超級健全的公司，好好耕耘自己的利基點，為理想的客戶提供產品與服務。百分之百的專注自然會降低成本，讓你更迅速還清債務，最終提高獲利分配比例。這裡稍微調整一下系統，你分配獲利的時候，九九%的錢拿去還債，用剩下一%來獎勵自己，如此一來，在快速消化債務的同時，你也會增強獲利優先的習慣。

簡而言之，如果你一直等到還清債務才來執行獲利優先系統，就比較難提升公司營運效率，也無法永遠消除債務、持續創造獲利。現在就養成習慣，終有一天，九九%的錢會流向你的現金準備以及業主獲利分配。

享受儲蓄勝過享受花費

某個星期天早上，我又在亂按遙控器、看看有什麼好看的節目，就看到美國理財節目名人蘇西・歐曼（Suze Orman）在講解個人理財策略。底下群眾大約有五十個人，演講到一半，她突然停下來環顧四周，接著說：「解決債務的方式很簡單：如果想還清債務，就必須好好享受儲蓄，勝過享受花費。」

她這席話點亮了我腦中的小燈泡，我放下手中的咖啡，望向窗外。歐曼繼續演講，但我已沉浸在靈光乍現的瞬間，什麼也聽不到。她那段儲蓄與花費的比較，在我腦海中不斷迴盪。**「這就是關鍵。」**我心想。財富是情緒的遊戲，事業成功也是情緒遊戲，獲利優先也是。歸根究柢，這一切的一切無非是我們對自己說的一段故事，那段關於我們所做所為的故事：「我現在做的事情是否讓我快樂？」

如果某件事讓你當下感到快樂，你就會持續去做。如果花錢讓你快樂，你就花得更多，錢可能花在任何地方，是那條全新的褲子，或是新雇用的員工，最後變成堆積如山的債務。如果儲蓄讓你快樂，你就會找各種機會多存錢，折價券、店家折扣、花車拍賣……到處都是天堂。完全刪除花費，達到百分百的儲蓄率——成就達成！

聽到歐曼的那席話，我終於搞懂潛能開發專家安東尼．羅賓斯（Anthony Robbins）那套「痛苦與快樂」動機理論了。痛苦的時刻就像被人用力狂踹，踹到忍無可忍。痛苦會把你重重摔出門外。對我來說，痛苦的時刻就是女兒把她的小豬撲滿推給我、試圖將我們家從徹底財務崩解的深淵拯救出來的時候。對彼得而言，銀行抽銀根是他的痛苦時刻。但是痛苦讓你採取的行動，往往只夠脫離當下的痛苦而已，接下來就沒用了。此外，歐曼還教會我另一個重點：歡愉（你別，不要想歪，然後……你就想歪了，變態）。

核心理念很簡單：我們會避開痛苦、追求歡愉，因而太過重視當前情勢，忽略了長期觀點。立即性的痛苦促使你動起來，但是歡愉才會讓你持續前進。我猜你是因為痛苦而拿起這本書，並且應該很快就會看見成效，因為你現在所做的努力可以減輕痛苦；不過要讓獲利優先系統永遠運作下去，你必須在每一次依循新習慣做事的時候，立即感受到歡愉。就像上健身房，照鏡子的時候看到鮪魚肚只會讓你努力運動一陣子，發現努力夠了，你就會失去動力；而要讓運動變成持久習慣的唯一方法，就是享受運動。

你要讓自己決定**不**花錢的時候，比花錢還快樂；你要讓自己看到獲利成長（而非營收成長）就春風滿面、看到獲利分配比例提升更是欣喜若狂。

當你決定不花錢，請認可這項決定：給自己鼓勵。跳一支快樂之舞。每次存錢就慶祝一下，無論是存十美元還是一萬美元。播放你最喜歡的音樂，把音量調到最大，嗨到最高點。在購物中心爽到讓你的小孩覺得丟臉，喔！是讓你自己丟臉到爆。經過一段時間，你就會成功訓練自己的腦袋，讓它在選擇存錢（而非花錢）的時候，就聯想到快樂和慶祝。

為狀況最差的月分做準備

我們創業家都是樂天派，必須樂觀，為了要完成我們所做的事情，需要滿滿的勇氣，只戴一副玫瑰色眼鏡鐵定不夠（注：英語以「戴著玫瑰色眼鏡」形容人看不清現實，以為世界很美好）。這種樂觀的心態助我們一臂之力，直到……好吧！根本就幫不上忙。我們落入陷阱，相信最近一次、表現最佳的月分就是新常態，接著就按照「常態」經營公司，等到下個月或幾個月後，公司出現短缺，情況轉壞，我們便在毫無防備的情況下遭受衝擊。

為了在樂觀的同時，避免短視近利的行為，你要看的是近十二個月移動平均營收（以及相關數據）。進行數據比較時，要拿這個月的數據和去年同月比較。透過比較與檢視移動平均數據，你會更清楚公司的實際狀況。

除非表現最好的那個月的數字成為各月平均值，否則都不算常態，只是例外。如果你依據營收最高的月分做決策，就會快速把現金用光。錢愈借愈多，你又走回老路，「多賣一點——成長、成長、成長！」把賺最多的月分當成常態，絕對會把你牢牢鎖在生存陷阱裡。

其實，會計圈有個跟這有關的笑話。有一天，我接到稅務服務公司 Solutions Tax & Bookkeeping 的創辦人安德魯．希爾（Andrew Hill）與南恩（Gary Nunn）的電話，他們的公司設在德州的弗里斯科（Frisco）。我們討論到創業家的花費習慣，他們就跟我講了這個會計圈的哏：每次有客戶來跟他們說自己有一大筆錢進帳，一定會補上一句：「這麼大一筆錢，我連花都不知道怎麼花。」

每一次，希爾和南恩都會給予相同的回應：「喔！你一定會找到辦法的，而且大概下個月就會找到答案了。」

或許這個笑話沒有好笑到讓你「笑到併軌」（注：原文為ROTFKMAO，笑到在地上狂打滾的簡稱），但對希爾和南恩來說卻是個天大的笑話。創業家老是跟他們講一樣的話，到了下個月，那筆錢就沒了，無一例外。

這就是為什麼分配比例這項工具非常珍貴。身為創業家，你的收入會波動，有好月分，也有爛到掉渣的時候，其他日子就是一般般。但多數創業家總習慣看著表現最好的月分對自己說：「這就是我的新常態。」接下來就開始依據新的情況調整花費，把公司的錢拿出來花。

分配比例的設定依據非常現實，也就是銀行裡的現金。不玩遊戲，沒有假設，更不會說「我們下個月補回來」。預估值只是個人意見，現金才是現實。

每個月十日和二十五日，你會按照分配比例把不同金額的錢放到各個帳戶——像是業主薪資，再依據一開始設定的薪資水準，從業主薪資帳戶中提領你的薪水。如果帳戶裡的錢比你領的薪水多，差額就會留在帳戶裡繼續累積。如此一來，當某個月的經營狀況不佳（請注意，我不是說**如果**），業主薪資帳戶裡還有之前累積的餘額，讓你可以領取固定的薪水。如果業主薪資帳戶裡的錢不夠付你薪水，你就沒錢領。這時，你就得下定決心刪減開支，同時加足馬力拉攏好的客戶，推升整體營收。

那麼，要如何預估公司可以支應你多少薪水？先看看你狀況最差的三個月，取平均值，這就是公司營運狀況不好的時候，營收可能會達到的最低水位，再依此決定業主薪資的分配比例（假設是三五％，就用三五％乘以剛剛算出來的最低營收平均）。每一季我們都會按照薪資帳戶餘額、以及餘額累積的速度是否超過提領薪資的速度，決定要加多少薪水，並按照十二個月移動平均計算合理的加薪幅度。只要帳戶餘額持續增加或是持平，你就可以領取合理的薪水（公司可以支應的額度）。

債務凍結

我已經教過你如何確保公司立即獲利：從下一筆存款開始賺錢。現在，我要教你馬上停止累積債務並還清既有債務的方法，我把這套方法稱為「債務凍結」（Debt

Freeze），透過這個手法，你的公司可以快速歸還過去累積的債務，並凍結新的債務，同時你還可以維持獲利優先的好習慣。

嘿，別緊張，我沒有要你賣光資產，搬到休旅車上、開到河邊住，也沒有要你馬上變得一毛錢都不花，砍光花費可能會對公司造成無法修復的傷害。我只是要你好好凍結花費，讓你不要再受債務拖累。

這裡的目標是減少開支，而不是犧牲事業。你可以開除所有員工、關閉公司網站、拒絕付錢給任何人，並且認真說，搬進河邊的休旅車裡，和新室友崩潰激勵演說家馬特．佛利（Matt Foley，注：佛利是美國綜藝節目《週六夜現場》裡的經典角色，雖然是激勵演說家卻一點都不成功，講話粗魯、行為笨拙，又運氣超差）一起住……但你的公司都要倒了。你現在要做的是幫公司消除脂肪，也就是那些沒有為公司創造收益、或支持其他部門創造收益的開支，而不是要消除肌肉——那些提供產品或服務所需的必要開支。

對於因儲蓄而感到快樂的人來說，「債務凍結」就是場狂歡派對，按照以下幾個步驟就可以開始這場派對。你需要的工具就只有一支筆：

首先，列印文件並做標記：

一、把過去十二個月的當期損益表、當期應付帳款報表、信用卡帳單、貸款報表、其他與債務相關的報表，以及過去十二個月從公司帳戶支出的所有費用列表，全部印出來。如果你還沒有損益表，先備齊其他文件就好。

二、逐條檢視（過去與現在的）各項費用，即使現在已經沒有了的花費也不例外。接著拿起筆來，在直接創造獲利（Profit）的費用旁邊寫個P，必要時可以用比較便宜的選項代替（Replace）的項目旁邊寫上R，對提供產品於服務而言，並非必要（Unnecessary）的費用項目標記U。

三、檢視每一條費用，包括員工的薪水／佣金／獎金、辦公室租金、設備費用、健康保險費用、原料費、辦公室音樂串流媒體Spotify訂閱費。**所有費用。**只要有錢從公司流出去，就要分成P、R或U。我了解這種分類非常主觀，所以我會從嚴認定。此外，也可以考慮尋求外部人員協助，引導你進行這套流程。[1]

四、現在，把所有重複性費用圈出來（金額不同也沒關係），重複性費用的定義是某項費用明年至少會再出現一次，或是更頻繁出現，可能是每個月或每週的固定支出。

順便說明一下，這就是為什麼所有費用都要進行分類，就算已經一段時間沒出現的費用也要檢視，因為它們會提醒你接下來可能還會面對哪些支出。

接著，算個數學：

一、把當年度的費用加總起來，包括所有被你標記和／或圈起來的項目，但不要計算稅款、業主分配和薪資。把這個數字除以十二，算出你每月的固定支出——你決定每個月要花的總金額。

二、算出你目前的月營運費用和依據即時評量得到的**必要**營業費用之間的差額。比方說，假設你目前每個月的平均花費是五萬兩千美元，按照即時評量算出來的每月花費是三萬美元，那麼你就得減少兩萬兩千美元的營業費用。不要為過去的錯誤花費找藉口，你不能說：「但這些我全都需要。」你不需要。你那健全、蓬勃發展的競爭對手已經找到不需要的方法了，成熟點吧，你只能換上大尺寸的內褲、乖乖長大，接受自己花太多錢的事實，而今天我們就要來解決這個問題（是說我竟然知道**你**穿什麼內褲，聽起來怪恐怖的，是吧？）

三、自己動手撕掉OK繃比較容易。建立刪減開支的計劃，直到你的營業費用分配比例比即時評量裡的營業費用目標分配比例低一〇%為止。從刪除標記U的費用開始，再想辦法消掉R，看是要找替代品還是用別的解決方案都可以，再來重新檢視P型費用，想想看你能不能調整費用結構，降低成本。

但是，為什麼費用減少的幅度要比營業費用目標分配比例再低一〇？因為當你減少開支，可能會發現減掉以後對公司造成負面影響，又沒辦法立即找到替代方案，只好把原本的費用加回來，我把這種費用稱為「回彈」（bounce-back）。這種狀況再所難免，先做好準備就沒問題了。

最要留意的是，是**精簡團隊**。勞工成本通常是企業營業費用中最主要的一塊，你的勞工成本加總起來可能會被歸類在P型費用。當然，有些人不可或缺，但大概不是每一個人。所以要把各員工獨立出來，重新檢視勞工成本，進一步區分P、R和U。

如果你的公司債務不斷增加，往往是因為勞工成本太高了。刪減勞工成本會遇到的問題是，我們的腦袋會立刻為某個人的去留辯解，找出員工應該留下來的原因：我是公司老闆，我沒辦法做那些工作，我得指導團隊去做。而且他們也需要工作（這是真的），員工是公司重要的一部分（往往也是真的），公司沒有員工就會陣亡（機率超級低），如果我開除他們，就找不到人來做這些工作了（這種狀況幾乎不可能發生）。

創業家的公司員工太多，通常是因為他們想趕快脫離一線工作（喜歡把自己當成主管，或是更高一層——他們要花大把的時間去決定企業「願景」），或是他們相信系統不是公司的核心（但其實是）。你必須放手讓一些人離開，也要了解從**在公司工作**轉變為**經營公司**不像開燈一樣、按個鍵就好，而是循序漸進的過程。在一間員工過多的公司裡，做太少事情的冗員通常就是你自己——老闆。該回頭做基本功了，以後再慢慢從**在公司工作**，轉向**經營公司**。

現在，回頭看看你這間員工過多的公司，檢視每個人的工作，決定他做的事情對於持續營運是否有必要（不是指那個人，而是他的職位）。如果有個人身兼多職（像是櫃台接待身兼內部業務員），那就問問自己，這些工作當中，有沒有哪一項對公司經營而言，其實可有可無。

再來檢視員工。如果他們不是分類在P型費用，要麼就讓他們內轉到其他部門、創造更高獲利，要麼就讓他們離開公司。現在你要擬定解雇計劃，在細究之前，我希望你理解，我很清楚這件事情有多傷人，也知道你有多抗拒開除員工，因為我也曾經走過這條路。有一次，我要在一天之內解雇公司二十五人中的十人，那是我職業生涯中最艱難的一天；我得開除將近一半的員工，理由還是不他們做錯事，而是**我錯了**——我財務管理失當，擴編速度太快、過度頻繁，又沒有必要。

我也希望你理解，就算很痛苦，解雇人員還是必要手段。留下幾個公司無法負擔的人力只會拖垮公司，最終造成**所有**員工失業。另一方面，優先解雇表現不佳的員工、並且刪減公司內非必要的職位，不但可以省下人事成本，也讓公司組織更有效率。

記得，你解雇這些員工是讓他們自由找尋更適合的工作。沒錯，開除那些你真心想聘雇的員工感覺糟透了，但把他們留下來做沒有未來的工作才更糟。我分享的可是第一手資訊，今天早上我才剛打開 LinkedIn，看看之前我解雇的那十人的最新資料，每一個人都找到更好的工作了。

解雇員工的時候，要找另一個人來見證解雇的過程，並幫助你向各個遭約談的員工解釋情況（那個人可能是公司合夥人、人資主管，或是公司內部沒人的情況下，找外部的律師來——這筆錢該花）。[2]在律師同意的情況下，解釋解聘的理由並提供你能力範圍內的協助，像是幫他轉履歷，或是提供資遣費。

所有解聘過程結束後，召集剩下的人召開會議。分享你做了些什麼、為什麼這樣做，好好解釋這件事對你來說有多麼困難，說明你願意為自己一手造成的公司財務問題負責，並著手解決。向你的團隊保證，剩下的每個人都會留下來，你也會立刻採取行動穩定情勢，讓大家安心。

絕對不要要求員工減薪，我曾經這樣做過，後果極差。要求所有人繼續努力工作，甚至比過去更拚命，薪水卻更低，對公司士氣的打擊遠比多開除一位員工更甚。我選擇減薪的那一次嚴重打擊了團隊整體士氣，留下來的員工中將近一半開始找新工作，想要跳槽到穩定一點的公司。大家突然都開始請病假，其中一名留任的核心員工也決定跳槽。

再砍多一點，再多等一天

最痛苦的部分已經過了，現在打電話給銀行，要求他們中止所有帳戶的自動扣款項目，只留下你之前標記為P的費用。接下來，通知上游賣家你已經停止自動轉帳，以後會付支票。我絕對不是要你不要付帳單或是違約，而是要你清楚掌握每一筆付出去的款項。

打電話給信用卡公司，要他們發一張卡號不同的新卡給你，並且要求舊卡刷過的款項統統不能轉到新卡（很多信用卡公司為了方便會提供這樣的服務，但是你不需要）。這樣做的原因，是因為你之前付不出錢來就老是用舊的信用卡處理，現在換了新卡，就可以終止所有自動扣款。接下來，就像前一個步驟一樣，通知各個賣家你已經取消了自動付款功能。這種做法可以讓你簡單又有效率地看出在標記P、R、U的時候，漏掉了哪些費用。

有些重複性支出很容易被忽略。我之前就栽在健身房的會費上，刷卡明細有列到這一筆費用，但因為每個月「只有二十九美元」，我就覺得算了。明明都沒去健身房，還告訴自己：「我要續約因為這個月會去。」

直到有一天，我的信用卡因為出現可疑的交易被強制換卡（可能信用卡公司覺得很詭異，哪有人繳了這麼多年的健身房會費，**還**整天吃麥當勞）。卡被停掉的那天，健身房會費也停繳了。

但故事還沒結束，那時候我才意識到自己太少運動了，於是我打給一些朋友，拉他們一起運動。其中有個朋友在同一間健身房有會員資格，每個禮拜有一次機會可以免費帶人入場。猜猜他帶了誰？我現在每年平均去同一間健身房五十次以上，而且不用錢。那個朋友運動的頻率也增加了，因為他現在有個敦促他運動的好夥伴。

重點是：刪減開支這件事情，常常會被歸類成「改天再做」的事。這就是拖延症——明天再說。對我來說（我猜對你也是），那些「明天」堆疊起來，很快就會變成一整年或是更久。換新卡會逼迫你不能再拖下去，一定要刪減開支。

但有件事情**可以**多等一天：今天的購物計劃。還記得我一開始講的故事，我怎麼化身死亡天使、花光第一筆財富嗎？你或許還記得故事的結局，我投資的公司當中，只有一家活了下來，唯一倖存者就是Hedgehog Leatherworks，公司老闆保羅・蘇伊特（Paul Scheiter）是個很棒的人，也是我最好的朋友。

幾年前，我去密蘇里州的聖路易拜訪他，在開往皮革店的路途中，我們經過一家居家用品大賣場家得寶（Home Depot）。蘇伊特說：「喔！辦公室需要一些電子用品。」然後車子繼續往前開。

「我們為什麼不進去買？」我問。

「會啊！只是想多等一天。」

隔天我們又經過那間家得寶，蘇伊特看到招牌、露出大大的微笑，又轉頭繼續開。我問他：「我們不是要買電子用品嗎？」

「確實，再多等一天吧。」

這個情況維持了一整個禮拜。我結束拜訪的那天，蘇伊特載我去機場，我問他為什麼還沒有買電子用品，那時他才分享了自己那套「再多等一天」的技巧。

每當蘇伊特需要買什麼東西，他就會挑戰自己，看看能不能在沒有那樣東西的情況下再過一天。只要他放棄購買的機會，就會受到鼓舞。又過了一天，他又高興一回。

有時候，在進行這個遊戲的過程中，蘇伊特就會發現自己再也不需要原本想買的產品或服務。這個遊戲讓你看到更多可能性，也實際測試你到底有多需要某樣東西。有時候你別無選擇，因為真的需要就得花錢買，但是「再多等一天」不只讓你的營運現金在帳戶裡多等一天，你也多給自己一天的時間去找替代方案。

一、刪除所有標記為U的費用。如果你不確定該不該刪，就刪了吧，反正恢復費用項目輕而易舉。R型費用要靠談判，某樣東西可以被取代的時候，就看你的談判能力如何了。每一件事情都可以談：租金、信用卡費率與貸款、賣家帳單、軟體月租費、網路費、你的體重／身高／年齡，統統都可以。你現在的工作就是聯絡所有賣家，在不損害雙方關係的情況下，盡可能刪減費用。但不要只是打電話而已，先做一點研究，找到其他選擇、更便宜的賣家，再準備好換人。

二、先從小額、必要的支出開始進行談判。你要練出談判力[3]，再一步步走向處理大額費用。談判本身就是一門學問，簡單來說就是要先搞清楚執拗如牛未必是最有效的談判方式，關鍵是要蒐集足夠的資訊、堅定立場，並且願意讓步來創造雙贏局面，才是最好的做法。你的目標是用更低的成本完成一樣的事情，這並不是說你非得在維持相同選擇的同時追求更低的價格，你也可以更換方案——可能是不相同但更便宜的東西。舉例而說，有些旅館會另外收網路費，有些不會；如果你沒辦法要求旅館取消或減少房內上網費用，那就跟他們要大廳的網路密碼，在大廳工作。

三、用波折線劃掉所有你能夠永遠消除的費用項目，可以減少的費用則用直線劃掉。現在把所有省下來的錢加總起來，看看你有沒有達到目標，記得，你的目標是要比營業費用目標分配比例低一〇%。如果還沒達成目標也沒關係，我們可以再回頭處理，現階段的工作已經完成了，如果你不用拚死拚活就能達成費用刪減目標，那我要說你真是**幹得好**，花幾秒鐘好好呼吸，感受一下沉重的費用壓力逐漸消除。你剛經歷了艱難的一天，但把事情處理好之後，你就準備好創造大筆獲利。

現在你準備好要更有效率地推動公司成長了。

刪減支出滿丟臉的，畢竟你都打出好名聲了：出去吃飯一定由你買單、你開著好車，你是那個會開披薩派對、給員工一大筆假日獎金的「好人」老闆。但我可以告訴你，完成「債務凍結」之後那種鬆一口氣的感覺，遠遠超越你對丟臉的畏懼。

要知道，不論你背負多少債務，都有辦法解決。此外，也要知道你不是第一個遇到困難的人，很多人都經歷過嚴峻的財務狀況，谷底翻身的關鍵掌握在你自己的手上。

成功的定義不再是營收最高、員工最多、辦公室最大，而是用最少的員工、最便宜的辦公空間，創造最高的獲利。要贏得這場比賽，比的是效率、節省與創新，而不是規模、天賦與外表。我們的任務是要改變大家對成功事業的看法，從「賺很多錢」到「存很多錢」。我們要消除創業家的貧困情況，而要達成這個目標，「債務凍結」是很適合的方法。

如果你欠銀行一百萬美元

銀行業有個說法是：「如果你欠銀行一千美元，那是你的問題；如果欠銀行一百萬美元，那就是他們的問題了。」還記得彼得嗎？我們通過電話之後，他就設立了「獲利」帳戶，瘋狂刪減費用，並且打電話給銀行。幾乎所有事情都有談判空間，當你欠銀行一百萬美元又還不出來，他們就會好好聽你的提案。彼得提出了一套完全可行的還款方案，並且在三個月內就還掉五％的貸款，同時讓公司由虧轉盈。他也加入我組的問責團體，多年來，我們持續相互監督。雖然我發誓不會揭露彼得的最新進度，但還是讓我透露一點就好：突飛猛進。幾年前的那晚，彼得打給我的時候渾身顫抖，我完全可以理解他的狀況；時至今日，他信心滿滿。會有這樣的轉變，是因為彼得確實執行了各項微小的行動，並帶來顯著的力量，一連串一致的小步伐為他締造驚人的成果。

截至目前為止，彼得絕對不是唯一運用獲利優先原則慢慢清償百萬美元貸款的人。我快完成本書增修版的時候，收到了寇爾的來信。寇爾是美國棒球隊薩凡納香蕉隊（Savannah Bananas）的老闆，他隨信附上自己的棒球卡，他穿著閃亮亮的香蕉黃套裝，看到那張照片我超嗨，寇爾顯然跟我是同一掛。他在信裡說自己幾年前讀了《獲利優先》，並靠著這套系統讓他經營的球隊更上一層樓。因為再四天就要截稿了，我直接打電話採訪寇爾，我非得把他的故事寫進書裡不可，獲利優先拯救了一支棒球隊？這可是不同凡響的大事件，我到現在一想到此事還是自豪不已。

寇爾擁有兩支球隊：薩凡納香蕉隊和加斯托尼亞灰熊隊（Gastonia Grizzlies）。他把球隊的重心轉向娛樂，順利振興了球隊。多數老牌球隊的老闆都把心思花在打造更強的隊伍上，但寇爾改變目標，讓球隊不只是打球而已，還要娛樂球迷。他雇用了一名編舞老師，請他指導球員在球場上跳局間舞，寇爾還舉辦了老奶奶選美比賽、引進各種有趣的食物，品項五花八門，炸香蕉、烤香蕉、水煮香蕉、香蕉泥、香蕉片、香蕉丁，你想得到的都有。不到幾個月，過去只能賣出約兩百個座位的球場，現在已經可以賣掉四千多張門票。

這時，寇爾和他老婆決定要還清過去兩年累積、超過百萬美元的債務。「我們想到自己的生活品質、承受的壓力，晚上只能睡幾個小時的日子，因此決定要用獲利優先系統來解決債務問題。」寇爾解釋：「我們成功了，現在大部分的債務都還掉了，而且未來兩年之內，我們就可以付清積欠灰熊隊與香蕉隊前東家的一百三十萬美元，這樣就完完全全沒有債務纏身了！」

現在我要暫停一下，認真解釋為什麼就算負債也要選擇先領取獲利。有些人說，債務沒還清之前都不可能獲利，這並非事實，脫離債務的唯一方法就是要能獲利。債務會累積就是因為你的費用超過現金水位，你只好去借錢，靠貸款、信用額度、一疊閃亮亮的塑膠信用卡過日子。如果你希望手中的錢比目前的花費還多，公司就必須獲利，別無他法。

特此澄清，寇爾夫婦的兩支球隊都有獲利，但他們只想靠自己取得的獲利分配來消除債務。球隊沒有虧錢，而且寇爾夫婦正享受獲利優先帶來的主要利益——因為需要而創新。舉例來說，大部分的球團到了球季就會自動購買票務系統，費用大概是三萬美元，每賣一張票，還要被系統公司抽成；反觀寇爾夫婦不是沒錢繼續採用相同的系統，但身為採取獲利優先系統的創業家，他們深知自己必須找出其他的方法取代昂貴的票務系統。

「最後我們花六千美元買了十萬張紙本門票，還是香蕉形狀的。」寇爾說：「做起來很容易，可以打品牌，價格又遠低於其他系統。」新門票還有另一個功能——留作紀念。終極的創新就是要從更便宜的資源當中，榨取更多利益。

每一次花錢寇爾都會問自己，這筆錢花下去符不符合品牌需求——娛樂勝過棒球——以及他是不是真正需要花這筆錢。如果需要，他就想辦法用換的，或是以極低的折扣購入。

寇爾的成功經驗十分傲人，他用創新與機智挽救了兩支搖搖欲墜的球隊。如果你和寇爾一樣，目前的主要任務就是消除債務，那請至少分配一小部分的獲利給自己。大部分的獲利分配都會拿去還債，但一小部分（一％）還是要獎勵你。去吃盤美味的香蕉船吧！

花費最少精力，取得最佳成效

你也一樣，你必須運用簡單行動的力量。如何用最省力的方式取得最大成效？要解決問題，就得建立心情上的動能。和上健身房一樣，如果你相隔十年第一次踏進健身房，瘋狂運動之後，第一天可能會覺得開心，但接下來一、兩天，你就會全身痠痛，很可能再也不去運動了。動能通常不是源自一次性的瘋狂舉動，而是要緩慢、持續建立。微小、重複、持續性的行動連結在一起，就可以創造關鍵動能（最後四個字請快轉十倍）（注：原文是momentous momentum，英語很不好唸，所以作者開玩笑要大家火速唸過）。

戴夫・蘭西（Dave Ramsey）在他的經典著作《改變你一生的理財習慣》（*The Total Money Makeover*）中解釋了「債務雪球」（Debt Snowball）的觀念。這個觀念違反邏輯，卻完全符合人類心理。蘭西說，按照邏輯，我們應該先把利率較高的貸款還清，但這麼做卻無法建立情緒動能。把某筆貸款還清之後，撕毀報表——任何報表都可以，撕毀因為還清債務就再也用不到的表單，才會給你動能，讓你受到鼓舞，繼續面對下一筆債務。蘭西認為，你應該要把債務按欠款金額分類，從最小排到最大，不要管利息，除非兩筆債務的額度很接近，才把利率較高的放前面。

蘭西要我們只償還各筆債務的最低應繳金額，唯一的例外是清單上的第一筆，也就是最小筆的債務。把你所有的財務能力都用來盡快還清第一筆債。第一筆債務還清了以後，再拿第一筆最低應繳金額的錢（還清了所以不用繳了）來處理第二筆。還完第二筆再到下一筆，原本第三筆帳只付最低額度，現在再把原本用來付第二筆帳最低應繳金額的錢也加上去。看出雪球怎麼愈滾愈大了嗎？有感覺到消除債務的那股熱情與雀躍之情油然而生嗎？選擇不花錢帶給你的歡愉感將與日俱增，比從前花錢的感覺還快樂。理財天后歐曼與作家蘭西都會以你為傲。

蘭西、歐曼和我（以及任何有一丁點理智的人）的祕訣是：在償還舊債物的時候，不能再新增債務，否則就只是把錢轉來轉去，一手交錢，一手借錢。你必須先進行「債務凍結」，再徹底消除債務，讓它永遠消失。

採取行動：債務退散！

步驟一：開始進行「債務凍結」，中止各項重複性支出，並且刪掉所有非必要開支。用盡一切方法讓你的「固定月支」比例比即時評量結果低一〇％以上。

步驟二：九九％的獲利分配拿去償還債務，剩下一％用來慶祝。我知道金額不大，但還是可以獎勵自己，就算你為自己正在努力消除的債務所苦，償債過程中還是要慶祝一下，就算你領到的現金獲利分配再少，都不無小補。

步驟三：開始製造「債務雪球」，從最小額的待償債務開始還，分幾次還清各筆債款後，就把多出來的錢拿去繳金額第二少的債款。

第八章

錢就在公司裡

你的公司比你想像的還要有錢，你只是不知道要去哪裡找錢而已。現在還不知道。

某次演講介紹完獲利優先系統後，我受邀出席一場與偉事達（Vistage）董事會成員同桌的晚宴，偉事達是由企業主、董事長與執行長組成的組織，他們自稱全球頂尖首席執行組織（World's Leading Chief Executive Organization）。那是個很特別的經驗，因為我不再是對著幾個人滔滔不絕講六十分鐘、轉身下台，而是在餐桌前坐上好幾個小時，面對從四面八方射來的「獲利優先」相關問題。

其中一名執行長（也是在座唯一一位企業顧問）解釋他為什麼認為獲利優先系統不可行，為了維護他的聲譽，我在這裡替他取個暱稱：「錯誤先生」。錯誤先生講出一大套經典謬論：「如果你還沒有獲利，就不可能突然開始領取獲利。」並環顧全桌、等待他人附和。他繼續辯解：「獲利必然是最後的盈虧結算，新創公司若想成長就不能省錢。」巴啦巴啦，錯錯錯！他最後提到的那項迷思讓我覺得特別厭煩，正是這種想法使得企業主非但不能因為自己的努力與創意而獲得回報，還會阻礙公司成長。

另一位男士──我姑且稱他為「創新先生」。這位創新先生靈光乍現，脫口而出：「一車兩用、一車兩用，一車兩用！」所有人都看著他，想說他是中了什麼邪，他才開口解釋。

「我用自己發明的獲利優先版本，打造了一間營收五千萬美元的公司。」

創新先生跟我們解釋，他的公司會把油送至兩種主要通路：一種是像機油更換公司捷飛絡（Jiffy Lube）、一口氣儲存幾百加侖的大企業，另一種則是像沃爾瑪（Walmart）這種零售通路，在架上賣一瓶〇．二五加侖的小型罐裝油。創新先生的公司用兩種不同的卡車送貨，油罐車把油送到捷飛絡這種大盤商，貨車則負責送沃爾瑪。公司裡的每一件事情幾乎都是雙軌並行：兩種卡車、兩種司機、兩個客服團隊，全部都乘以二。

他表示：「成本高到我們營運困難。」

創新先生知道，他得壓低成本才能達到獲利目標。於是他接受挑戰，試著在維持客戶數不變的情況下，至少砍掉三分之一的成本。他不斷問自己更大、更好的問題：我們要怎麼樣才能在節省三分之一開支的情況下，維持營運現況？

某一天，他靈機一動：「何不改用廂式貨車，把車分成兩半？」他繼續講：「一邊放油罐、另一邊放架子。」這樣公司只要用一種貨車、一名司機就能把油運到捷飛絡和沃爾瑪了。創新先生執行了這套想法，成功超越最初設定的目標，節省了**將近一半**的費用。這項簡單的轉變讓他得以拯救搖搖欲墜的事業，營收登上五千萬美元高峰，還有豐厚的獲利。

語畢，錯誤先生默不吭聲；創新先生則笑著拿起帳單，結清了一桌的餐費。

錢到處都有。[1] 只要有精簡與創新，錢必然有辦法生出來。重點在於，你要開始問那些大哉問、那些乍聽之下不可能解決的問題，其他人都不敢問，只有**你**敢。

造雨不如挖口井

我還沒有遇到哪個創業家會說他不想雇用一個會造雨的人——找個天才業務員，

就像有些公司號稱會幫你取得曾祖母留下來、無人領取的遺產，讓你撿到天上掉下來的巨款。天才業務員會接到一張又一張的大單，讓公司得以平順經營。且先不論深愛公司與工作、身為企業主兼領導人的我們，才是造雨的不二人選；重點在於這套靠著營收來解決現金流危機的做法，遲早會拖累公司。要是公司營運沒有效率，增聘業務來造雨毫無幫助，畢竟到了最後，不管新客戶帶給你多少營收，都會創造相應的成本，而這些成本往往會被忽視。

如果你想增加獲利（你他媽最好有這個想法），就得先提升效率。一心只想提高銷售，就像在你家旁邊放一堆水桶等著接雨水，再圍上腰布狂跳詭異的祈雨舞，卻忽略自己腳下就有滿滿的水源。

以愛達荷州為例，當地每年平均降雨量為十七英吋，比全美平均低了二十英吋，因此該州有九五％的用水來自地下水。一百三十五英里長的大洛斯特河（Big Lost River）穿過愛達荷州，匯集了從洛磯山脈（Rocky Mountains）流下的水源，接著就流入地下消失。大洛斯特河、斯內克河（Snake River）與其他地下水源匯集到寬達四百英里的斯內克河蓄水層（Snake River Aquifer），這裡的水足以支應愛達荷州大部分的農業用水。換句話說，你現在可以啃著愛達荷州出產的馬鈴薯，要拜地下水源所賜，而不是因為愛達荷州州民從網路上學到什麼祈雨舞（雖說愛達荷州人確實是很懂得怎麼嗨起來）。

我們幹麼管愛達荷州和它的地下湖？因為公司的獲利能力有九五％取決於地表以下的東西（銷售後），而不是天空的變化（銷售本身）。想「找到」大把鈔票，你要搞清楚「地下」的狀況。

獲利會被擠壓

幾年前，我受邀出席在華盛頓特區舉辦的全球學生企業家獎（Global Student Entrepreneur Awards）活動演講，世界各地的大學生創業家齊聚一堂，為他們創造的巨大影響接受表揚。活動當天早上，我坐在葛雷格．卡比翠（Greg Crabtree）隔壁吃早餐，他是《簡單數字、直白對談、豐厚獲利》（*Simple Numbers, Straight Talk, Big Profits!*）的作者，很快就吸引我的注意。卡比翠和同桌另一位男士正在討論大學美式足球賽，我也加入了他們的對話（「衝啊！霍奇隊！」）沒多久，話題就轉到創業和獲利，記得當時我心想：「等等，我們同時談論美式足球大學聯賽**和**獲利，老天果真有眼！」

卡比翠回顧了他在書裡面分享的提振獲利技巧，我問他：「獲利有可能太高嗎？有沒有天花板？」

他回答我：「你總是想進一步提振獲利能力，事實上，你也必須這麼做，因為外力必然會不斷削弱你的獲利——因為競爭。在你想盡辦法提高獲利、或想不透怎麼增加獲利的時候，對手也在做一樣的事情。每一個人都希望公司賺更多錢，當公司的獲利愈來愈高，就會有競爭壓力，被迫降價吸引更多顧客。」

「你找到大幅提振獲利的方式之後，對手會嗅出端倪、挖掘背後原因，總有一天會複製你的做法。之後，就會有廠商降價吸引更多客戶，包括你在內的其他業者只好跟進，避免沒生意做，這時，獲利就被擠壓了。」

卡比翠講的這個現象反覆上演，我們都見證過很多次了。回想一下，平板電視在二〇〇〇年左右問世後大受歡迎，到二〇〇五年之前都還是貴鬆鬆的奢侈品。後來，大螢幕電視的價格開始以每年二五％的幅度下跌，不出十年，廠商售價狂掉，零售商幾乎是在送電視了。爾後由於電視愈來愈容易製造，獲利彈升，但也只維持了一小段時間，沒多久業者又開始一一降價搶食市場，搞到零售業者好像還得付錢給你，拜託你把尺寸較小或去年款的平板電視帶回家。一手打造高清電視品牌Ölevia的Syntax集團執行長李敬華（James Li）提到競爭對手時就曾說：「他們賣三千美元，我就賣二九九九！」

獲利是隻狡猾的動物。通常利潤高到超過二〇%的時候，其他人就會探詢機密並馬上跟進，而且還做得更好、更快，最重要的是還更便宜。我沒有要你不再花錢提高效率，藉此（暫時）提高獲利。我是想表達就算你覺得利潤不錯，其實也沒那麼好。同業競爭終究會壓縮你的獲利，而且不會讓你等太久。因此，你得不斷找出路，用更低的價格做得更快更好。不過好消息是，當你固定獲利分配比例，自然會想辦法找到新的做法。如果競爭對手加入戰場、壓低價格，你會立刻感受到獲利分配比例被壓縮了，你得趕緊再創新才行。

事半功倍

看到現在你應該已經搞清楚，完全聚焦營收思考（銷售、銷售、銷售！）不會幫你創造獲利，在效率不彰的情況下，賣愈多反而愈沒效率。換句話說，賣愈多愈不賺錢，陷入惡性循環。所以你在探索提振效率的方法之際，可能要先放慢腳步，或是暫緩銷售；專心衝業績之前，先把效率基礎課程修好修滿。還記得擠牙膏的比喻嗎？提升營運效率就像是把一般容量的牙膏換成旅行用牙膏。如何延續？別忘了帕金森定律是你的好夥伴，滿滿一條牙膏可以撐四個禮拜，快用完的牙膏也可以撐那麼久，只是要在節省（審慎用錢）和創新（扭轉、擠出構想）之間找到平衡，想出其他人沒想過的做法。

效率會提升利潤，也就是你每次提供產品或服務可以得到的獲利金額。利潤變高，即使營收不變，公司獲利也會增加，等你再次全力衝銷售（這個議題等等再談），獲利也會跟著水漲船高。所以做法很簡單：先提高效率，再增加銷售，再進一步提升效率，再賣更多。接下來，開始加快增加效率和增加銷售兩者切換的速度，直到兩件事情同步發生。

讓公司更有效率不只是減少休息時間和控制費用而已，要善用在公司底下流動的獲利長河，你得從各方面檢視公司效率。提升效率有兩條途徑：一個是服務問題相同或十分相近的（好）客戶，另一個是精進你的解決方案，持續幫助客戶解決問題。盡可能複製公司最好的客戶，也就是需求固定的客戶，同時要盡量縮減業務項目，只提供真正符合客戶需求的項目。想想麥當勞，這間公司會那麼賺錢就是因為他們持續餵養飢餓的人，那些人至少在吃麥當勞的時候，餓到想先餵飽自己再來管健康。找到幾件你可以反覆進行、又能滿足固定核心客群的事情，就能創造高效率。

我希望你設定遠大的目標，從各方面檢視公司，決定如何做到事半功倍。這並不容易，所以我要再強調一次：

怎麼只用一半的力氣，達成兩倍的效果？

所謂「力氣」可能是金錢成本或是時間成本（你的時間、員工的時間、軟體和機器的時間）。假設你經營一間剷雪公司，現在每小時可以清好一座停車場，那我要你想的就是怎麼樣只用三十分鐘（一半的時間）就掃完兩座停車場（兩倍成效）。

你第一個浮現的念頭可能是：「你說得容易，麥克，但根本不可能。你不了解我的公司，你這個神經病！」我不會為了這種批評而生氣，就算有些人連書都沒翻開就開罵也無所謂，因為我知道否定我的人只是害怕，或許你也一樣。或許你總是為了公司犧牲自己，現在卻可能找不到理由合理化你的犧牲，因為你**會**有時間陪伴親友。你也可能會害怕說，用比較少的時間做更多事情，會降低你的職位的重要性。又或者擔心做到事半功倍之後，客戶就不願意付那麼多錢了。

不管理由是什麼，如果你認定沒辦法就這樣提高效率，其實就是陷入「讓其他人去想辦法」的模式。我的朋友，問題是**另一個人**會找到方法的，遲早的事。反之，如果你說：「嗯……讓我想想，看看有什麼方法。」你就會把公司帶向獲利突飛猛進的道路上。為什麼？因為創新可以是一連串的小步伐、一次性跳躍，也可能是介於兩者之間任何一步。事半功倍這個宏大目標會促使你更宏觀地思考，也會帶來或大或小的進展——全部都會挹注到獲利。

用較少的資源做更多事情，為我的公司帶來了十分顯著的影響。我很積極經營Hedgehog Leatherworks，採用獲利優先系統之後，我們變得極度創新，我強烈懷疑這種創新程度在皮革產業中前所未見。我們不再購買傳統皮革廠會用的昂貴設備，我們被逼著想到其他更便宜的替代方案，達成相同的結果（通常反而更好）。到家得寶、好必來（Hobby Lobby）和隨便一家廢棄場求他們給你材料**製造**你需要的東西，成果好到令人驚艷（夥伴，一卷小小的防水膠帶也是很有用的）。我們研發的新系統產製效果高於業界標準，成本卻只要別人的百分之一。因為採用了獲利優先系統，我們想出幾百個創新方式：各種調整、改造、新建系統，還有其他事情——這都是因為**我們必須那麼做**。我的編輯考希克・維斯萬納斯（Kaushik Viswanath）跪求我更仔細說明公司發現了什麼祕訣，但製作流程是商業機密，所以只能繼續吊他胃口了。抱歉啦，維斯萬納斯，我可不想要你離開出版業，創立皮革公司跟我競爭！

大部分的創業家只關注小幅的進步：「能不能加快幾分鐘？」問題小，就只能得到小的答案。你追求的不只是一點一滴的進展，還要有重大發現，當你問了宏觀的大問題，就能兩者兼得。

把剷除停車場積雪的時間縮短五分鐘對你的獲利沒什麼影響，減少休息時間或想上廁所的時候「忍耐一下」，效果也不大。

但如果你更注重大幅提升效率的方法，像是找到剷雪速度兩倍快的雪耙，就更有機會達到事半功倍的目標，你也會發現每一點小小的進步累積起來，會帶你邁向驚人的成果。效率提升的成效會隨著你提高銷售而被放大，這就是比例的力量。當你可以更有效率剷除停車場內的積雪，每多領到一份收入，就有機會增加獲利。

還記得創新先生嗎？他問了一個問題：「我要怎麼在客戶數不變的情況下，減少三分之一的成本？」答案就是**一車兩用、一車兩用、一車兩用**。

再來講另一個卡車的故事：你知道優比速（UPS）的卡車一定只會右轉嗎？二〇〇六年，優比速勇敢挑戰提高效率以及降低油費的問題。他們發現，卡車司機如果少花一點時間在左轉道待轉，就可以減少等紅燈與穿越車流時的耗油量，每一位卡車司機的待命時間也會縮短。這項制度轉變每年幫優比速省下六百萬美元。

這家咖啡色的貨車公司並沒有因為這項發現而滿足，下次優比速司機送包裹給你的時候，仔細觀察一下他把鑰匙放在哪裡，給你一個提示：不在他的口袋裡。優比速的司機發現每次回到車上，都要花五到十秒（或更久）在口袋裡翻找鑰匙，公司就想到，讓司機把鑰匙掛在小指上，會更有效率。現在，優比速的司機只要轉一下手腕，就可以立刻拿到鑰匙，把找鑰匙那五到十秒的時間乘上每天五十個送貨點，以及全公司多到爆表的司機人數，你就知道公司省下多少時間。

故事還沒完，優比速還發現把每天洗貨車的慣例改掉，改成兩天洗一次，就可以省下幾百萬美元。長期下來，他們省下大把時間、電費和水費，而貨車還是一樣閃亮亮。

你看，我剛提出事半功倍的挑戰時，乍聽之下是無稽之談。但如果你從來沒有認真問過自己：「要怎麼用一半的精力取得兩倍的成效？」你又怎麼知道自己做不到？或許你就這樣在不知不覺中，錯失了絕不左轉、鑰匙掛小指、隔天洗車般的效率奇蹟。

逐步擊破各項費用

衛斯理．羅查（Wesley Rocha）已經十年沒加薪了。他是LinkUSystems的創辦人，公司主要業務是提供房地產商和小公司行銷服務、行銷工具與網路設計服務。羅查看著公司成長，自己的收入始終沒漲，不禁想問：「我不懂為什麼感覺公司明明愈賺愈多，卻沒剩下什麼錢，我老是為了錢而苦惱。」

某個週末，羅查讀完了《獲利優先》，馬上就意識到他的公司費用太失控了。「我如果要立即執行『刪減成本』，必然會猛烈衝擊各項專案或業務。我真的需要留下所有員工和九〇％的既有開銷，因為我們無路可走，也已經做出承諾。」羅查說：「我很怕太快執行獲利優先系統，會把一些事情搞砸或出問題。所以我一直在想要怎麼謹慎地消除費用。」

於是羅查一點點、逐步擊破各項費用。「很不幸，過去這一年我解僱了六名員工，但也因為成功裁掉不賺錢的產品與服務、重新設計並優化流程，同時精簡公司其他業務，而沒有受到員工人數減少的影響。」他解釋：「現在，決定要不要花錢之前，我有辦法判斷某筆『專案』費用該不該花，如果不花錢就要想出其他方法。」

想出其他方法，聽起來真悅耳。他不是說：「要找更多錢來支應。」不，空中救援不會出現，該像電影主角一樣折折手指，想辦法離開這片迷宮似的玉米田了。

執行獲利優先系統的第一年，羅查成功讓公司獲利翻倍，他自己的年收入（包括薪水和獲利分配）也因此增加了約四六％。「我順利準備足夠的錢來繳稅，還用分配到的獲利繳了頭期款買房子，這都是以前不可能做到的事。」

又是那個詞：不可能。一開始，羅查覺得他不可能一邊減少開支，同時服務客戶；但一年後，他成功做到了，也因此能完成那件「不可能」的事情——他花了超過十年在公司奮鬥都做不到的事——存錢買房。過去這些年來，雖然公司有成長，卻從來沒有剩下錢，透過節省開支、精簡系統，他在公司裡**找到**錢了。

你不需要在放下這本書之後，隨即大刀闊斧狂砍費用，慢慢來沒關係，重點是要展開行動。

開除不好的客戶

如果你讀過我寫的《南瓜計劃》，就知道它表面上是在推銷一套幫助企業主引領公司、成為業界龍頭的系統，實際上卻是一本關於效率的書。放走那些把我們榨乾、吃光利潤的客戶，才有空間讓我們服務自己最會服務的客戶。當我們可以用更少的資源，做自己最擅長的事情，不只可以提高營收，更可以增加獲利。

總部在芝加哥、幫助企業成長的顧問公司Strategex做了一份研究，分析一千家企業的營收、成本和獲利結構。研究結果給人的反應就是個「喔。」講完整一點就是：「喔，我早就知道了。但我們公司還是什麼都沒做，因為我就是犯賤、愛被懲罰。」

Strategex把每間公司的客戶都分成四個等級，按照營收等級遞減。舉例來說，某間公司有一百個客戶，創造最多營收的前二十五個客戶就是最高等級，創造次多營收的二十五個客戶是第二級，以此類推。Strategex發現，最高級的客戶為公司創造了八九％的營收，最低等級的客戶只有少少一％。

還不只是這樣，研究更指出，公司服務每一群客戶所花的心力（成本與時間）其實相差無幾，也就是說，你在服務掏出大把鈔票的客戶和那些對營收根本沒什麼貢獻的客戶時，用的力氣一樣多。

接下來的結果則令人尷尬得猛吞口水。Strategex的獲利分析顯示，第一級的客戶創造公司一五〇％的獲利，中間兩級損益兩平，最低等級的客戶只創造一％的營收，還把獲利拉低了五〇％！到頭來，最高級的客戶創造的獲利有一部分還得拿來填補最低等級客戶造成的虧損。

我相信這個場景對你而言再熟悉不過。有些客戶給你的錢少得可憐，卻老是抱怨你錢收太多、事情都做不好，你交出去的東西，那些客戶叫你重做三次，卻不給錢，或是從來不準時付款——那些客戶會害你虧錢，快逃！

要你把給你錢的客戶扔掉（即使是世界上最糟的客戶）乍聽之下似乎違反直覺，但別忘了我之前講過的：所有營收都不一樣。不再服務給你最少獲利的客戶，並且把相應的非必要支出全部砍除，你就會發現公司的獲利能力大增，你的壓力也變小了，而且往往幾個禮拜就會看見成效。同樣重要的是，你會有更多時間招攬並複製最佳客戶。已經有數不清的讀者來信跟我說，他們採用了我現在分享的這一招，還有其他在《南瓜計劃》裡提到的成長策略之後，營收和獲利同時提高了。聽起來好像我在老王賣瓜，但真的不是。這套系統不是我憑空揑造的奇蹟，只是基礎數學。

我知道當你拚了命想付清這禮拜的員工薪水時，叫你放掉任何一個客戶感覺都很恐怖，特別是有些客戶還是你之前好不容易才掙來的。但別忘了，獲利的重點是比例，不是單一數字。所以放輕鬆點，先從放掉籃子裡那一顆小小的、發霉的南瓜開始。你之前可能就常常有把那顆南瓜丟到無人島上、或是放逐到火星去的念頭，真正放手之後，害你和員工分心、對奧客的滿腹情緒瞬間一掃而空。之前，你從其他客戶那裡賺來的獲利要用來養這個爛客戶，如今那筆錢你也可以收到口袋裡了。此外，你現在不用管奧客的特殊需求，就有時間和腦容量去找其他好一點的客戶——理想客戶，也就是最佳客戶的翻版。

複製最佳客戶

花一秒鐘想一下你最喜歡的客戶是誰：誰的電話你絕不漏接？哪間公司或哪個人提出的要求會讓你毫不猶豫答應？這個客戶付的錢符合你的價值，準時付款又不囉嗦。他信任你、尊重你，也會依循你的指示，你們雙方互相喜歡。現在想像有五個和這個客戶完全相同的公司願意和你合作，這會不會提振你的業績？服務起來容不容易？會不會讓你的獲利更漂亮？再想像一下，要是有十個或一百個和他一模一樣的客戶會如何？

世界上所有做B2B（企業對企業）生意的公司，只要能找到一百個最佳客戶，就會成為產業中的佼佼者，稱霸市場。B2C（企業對消費者）的公司也一樣，只要一〇%的顧客都和第一名的客戶是同個模子刻出來的，這些公司就發了。

當客戶的需求與行為都極為相似，公司就可以享受幾個魔法般的利益，創造更高獲利：

一、你會超級有效率，因為你現在要處理的客戶需求少，而且很一致，你不用服務一大群要求不盡相同的人。

二、因為你樂於和相似的客戶合作，提供的服務品質自然更好。我們總是會去迎合自己在乎的人。

三、行銷全自動化。物以類聚是真的，你最好的客戶會和其他具備類似「最佳客戶」特質的人聚在一起（那些是你在尋找的特質），還記得你的客戶有多棒嗎？你們彼此相愛，也就是說，你的客戶只要有機會就會幫你推銷。

複製最佳客戶正是提升效率的定義，這些如複製人般的最佳客戶群就像黃金。找到這群客戶、培養他們，再找到其他最佳客戶匯集的地方，並培養新客戶。

心法　利用八〇／二〇法則挑選客戶

你可能有聽過帕雷托法則（Pareto Principle），也是大家常說的八〇／二〇法則。我先來為歷史控詳細說明一下這套法則的源起：帕雷托（Vilfredo Federico

Damaso Pareto）是一位義大利經濟學家，在一八〇〇年代末期研究財富分配，他發現二〇%的義大利人口掌握了八〇%的土地。他又看看自家後院，發現二〇%的豆莢孕育了八〇%的豆子。他再低頭看自己的腳，驚呼：「我的老天爺！我有五雙木鞋，但我八成的時間都穿這一雙最酷的！」

帕雷托法則也可以套用到你的客戶上，不到二〇%的客戶為你創造了八〇%的營收，更有甚者，你八〇%的獲利來自於二〇%的產品與／或服務。

進階版策略的核心就是要結合客戶和業務項目。有些貢獻度高的客戶幾乎向你購買所有利潤高的品項，但也有一些高端客戶買的是利潤最低的品項。同理，有些貢獻度最低的客戶經常購買利潤高的品項，有些則純粹就是貢獻度低，重複購買利潤低的品項。

當你看清楚交集，就很容易下決定。別再服務那些只想購買利潤最低的產品與服務的「壞」客戶，你會因為迎合不適合公司的顧客或客戶而虧錢。

找到新的方法來管理那些會向你購買利潤高的品項、但貢獻度低的客戶。通常

「壞」客戶有機會變好，只是你得跟他們談一談，設定新的標準和溝通方式。也別忘了和那些購買利潤較低的品項的頂尖客戶溝通，看看能不能把利潤較高的品項賣給他們。

把重點放在獲利優先之後，就算只是選擇你想合作的客戶或顧客，也可以大大提振獲利。不再服務那些購買低利潤品項的客戶，讓你省下相關費用，還有更多時間、精力與創意好好經營你喜愛的客戶，那些客戶會為你創造獲利。把帕雷托法則應用到客戶群上，就成為進階版的獲利優先技巧，讓你一箭雙鵰——既能省錢又增加獲利，你怎麼能不愛？

聰明銷售

我之前已經稍微介紹過爾尼了，現在我還想再多講一點他的故事。他的故事清楚反映出一項事業可以快速掉進「追加銷售」（upselling，注：鼓勵客戶購買更高價、或增加等級／數量的商品與服務）的兔子洞，通往另一個世界。每到秋天，我就會花錢請人來清理院子裡的落葉，幾年前，草坪服務公司的老闆爾尼來敲門說：「我發現屋頂簷槽裡也有樹葉。」他表示願意免費幫我清掉那些落葉，朋友，像我這種人就是會被稱為「容易追加銷售的對象」。

爾尼成功拓展了他的服務項目，錢多好賺。為了完成新工作，爾尼在貨車上加裝樓梯，但他一爬上屋頂，就發現自己還需要別的工具才能把葉子從下水管挖出來。同時，他也看到更多商機：屋瓦壞了、煙囪有裂痕、屋頂有些地方搖搖欲墜、部分木頭腐壞。於是他又來問我需不需要幫忙修理，我說好。他又跑去買了各種修繕屋頂的器具、清理下水管的鉤子、帶鋸、水泥、磚頭等，還雇用了臨時工。太陽快下山前，爾尼才回來火速趕工，他甚至買了一盞照明燈，確保天色暗了之後，工作區的光線依然充足。

完工後，我給他一千五百美元，這對爾尼來說是筆不錯的收入，畢竟他清掃草坪「只」領到兩百美元。但是為了賺我這一千五百美元，爾尼那天至少投資了兩千美元來買器具，還要開車往返奔波、雇用工人。

爾尼為了服務我而賠錢，但收入倒是提高不少。接下來，他會試著用這些新買的器具提供其他客戶服務，理論上來說，這樣可以填補虧損、甚至小賺。問題是這種狀況很少發生。你花愈多錢，要賣更多東西的壓力就愈大，最後就只好去接你幾乎沒做過、也沒什麼興趣的案子。

你做的業務愈雜，就得買愈多工具和設備，並雇用更多有專長的員工，而且所有東西都無法發揮最大價值。你做的事實在太多了，而不是專注做同一件事，有些東西就會因此閒置。清理草坪的時候，樓梯就派不上用場，修理屋頂的時候，落葉吹集器就被留在車上。

你陷入了「生存陷阱」，結果就是沒辦法把一件事情做到最好。就像爾尼那天工程結束後對我說：「我明天再回來重新清理草坪。」

為什麼？因為他把簷溝裡的樹葉弄到自己剛清理好的草坪上了，磚瓦等物品也掉到地上，他新增的工作造成他的本業要重新來過，而且他在清理草坪的時候，新買的工具都只能留在車上，派不上用場。這樣哪裡有效率？沒有好嗎！

住在我對面的比爾和麗莎則雇用了另一個人清理秋季的落葉，名叫尚恩，尚恩也是收兩百美元。爾尼來幫我打掃家裡的那一天賺了一千五百元，同一天尚恩除了比爾家，還幫另外四家人清理草坪，並且敲了另外兩戶、草坪看起來需要清理的人的家門。我猜要是爾尼和尚恩晚上一起去喝酒，爾尼一定會炫耀自己的收入是尚恩的一．五倍，但最後會是尚恩買單。尚恩做事有效率，也很清楚獲利的精髓：不斷做同一件事情，愈做愈好，需要的資源愈來愈少。

提高銷售是最難提振獲利的方式之一，因為即使在最佳狀況下，也只是維持相同的獲利率而已。反之，在最差、也較常見的情況下，為了增加銷售而負擔的費用會增加得更快，導致獲利率和利潤都縮水。

單看銷售，卻沒有先考量做法與系統是否有效率非常危險，這會導致費用更高、理想客戶更少。請有效率地提高營收——向不好的客戶說再見、複製好的客戶、精進業務以善用資源並聰明銷售——唯有如此，才能真正提高獲利能力。

採取行動：放掉累贅

步驟一：專心做好一部分的業務（對你的最佳客戶有用的那部分），挑戰看看能不能想出事半功倍的做法。

步驟二：用本章節提到的幾個指標找出最差的客戶，並結束業務往來。我不是要你進入「不爽不要做」模式，只要禮貌地結束合作關係就好了，分手以後還是可以做朋友。

第九章
獲利優先的進階技巧

歡迎你來參加獲利研討會（ProfitCON），這可以說是世界上第一個以獲利能力為主題的研討會。我從二〇一五年開始舉辦，我一直很努力找，還是沒找到類似的會議。第一場獲利研討會只有會計師、記帳士和企業教練出席，他們參加研討會是為了學一些新的方法來幫助自己和客戶提升獲利能力。如今獲利研討會愈辦愈大，與會者包括各行各業的創業家、會計專家和商業專家，大家都想來學習、分享獲利的策略。[1]

最近一次的獲利演討會上，公司同事愛琳．莫哲（Erin Morger，我們都叫他小莫）負責主持獲利優先的問答環節。有位觀眾舉手說，獲利優先的五個基礎帳戶不符合他的需求，因為公司有些特殊的需要。

舞台上的小莫看著他，說道：「有疑慮的話，那就多加一個帳戶。」

這就是答案。你的產業可能有季節性，收入會大起大落，你可以為此新增一個「滴漏」（Drip）帳戶。又或者你每隔一段時間就得砸大錢買設備，那麼新增一個「設備（Equipment）帳戶就是個好主意。

為你的公司量身打造系統、讓獲利優先更上一層樓的做法很簡單，遵循小莫的規則就對了：新增一個帳戶。

開始針對特殊需求新增帳戶，你就成了獲利優先系統的進階使用者。

這樣說吧！接下來你要學到的獲利優先技巧，就像是你跑的第一場馬拉松，開始之前得先確定身體健康、也做好暖身。所以請繼續看下去，但執行之前，先把前半段學到的基礎內容好好做滿兩個季度以上（至少一百八十天）。你開始每兩週分配收入了嗎？不管金額多少，你開始獲利了嗎？有沒有拿到幾次獲利分配？你開始參與問責體制、與其他人相互監督了嗎？如果答案都是肯定的（而且**千真萬確**），如果你成功做到**沒有**違反規則，那就可以穿上跑鞋，準備起跑了。

一開始，先到附近散散步，再用跑跑停停的形式進行，接下來加快跑速和跑步時間。現在你加入跑者的行列，可以接受馬拉松訓練了。

進階版簡化策略

我自己採行獲利優先系統後幾年，發現只要進一步調整這套系統，就可以把現金管理做得更好。我之前教過你的系統運作得很好，但還是有特定的時候我得乖乖做會計活，才能了解公司的財務體質。有時候，存款不是來自營收，單純是報銷的款項而已；也有時候，客戶一開始先付一大筆錢，我下一年才陸陸續續提供服務；有時候我得進行大額採購，希望可以先存錢。我不是唯一需要微調系統的公司，每一個和我談過的人都說他們也需要。你也不例外。調整的方式很簡單，多新增幾個帳戶就行了。

開新戶頭看似不會簡化任何事，實際上卻絕對會讓事情更簡單。只要你能更清楚、更準確了解錢花到哪裡去了、用到哪個特定的經營項目上了，就能做出更好的決策。你也比較不會接手負擔不起的專案、賣家或支出，因為你掌握了目前的帳戶餘額。同理，如果你隨時都知道確切有多少錢進到公司裡，你就更清楚要把心力用在哪些地方。

你已經設立了五個基礎獲利優先帳戶：收入、獲利、稅款、業主薪資和營業費用，加上兩個在另一間銀行開立的不具誘惑力、不能亂動的帳戶：獲利保存與稅款保存帳戶。接下來我再介紹幾個不同帳戶，你可以按照公司需求，考慮要不要增設：

金庫帳戶

讓我們從累積現金開始，因為這是我最喜歡做的事（謝啦！歐曼）。「金庫」帳戶是風險極低、附利息的帳戶，裡面的錢可以讓你用來救急。系統運行一段時間以後，從某個時期開始，留下獲利帳戶中五〇%的資金當成急用基金這種做法就不夠用了，因為這筆現金流量還是有不確定性。某一季狀況差的話，獲利帳戶的錢也不會增加太多，你再拿一半出來分配獲利，剩下來的那一半可能就不足以支撐一間大公司了。所有公司都應該有三個月的準備金，也就是說，即使完全沒有賣出任何東西，你還是可以付清接下來三個月（一季）的所有費用。問題不是你**會不會**遇到低潮期（供應商倒閉、大客戶倒閉、最好的員工跳槽到同業，他還把你的客戶也帶走了等等），問題是**什麼時候**會遇到？屆時，金庫帳戶就會派上用場。

設立金庫帳戶之後，你還**必須**針對用途設定明確規則。當公司狀況差到你必須動用這筆錢，你已經先寫好一套使用規章。舉例而言，如果你因為營收下滑而必須動用金庫帳戶的錢，那你事先應該已經規劃好在提振銷售的同時，要是狀況沒有好轉，你就要在兩個月內把所有相關的費用砍掉。人在恐慌的時候，通常沒辦法好好思考或採取適切的行動，這也是為什麼我們要先設好一系列清楚的指令。

設立金庫帳戶和整個獲利優先系統核心理念，就是要讓你在遇到財務困難之前，事先做好決定。公司動態未必會改變，但真的遇到財務衝擊的時候，你老早就準備好了。金庫帳戶的重點**不是**要幫你買時間，雖然有這筆錢的確可以讓你有多一點時間解決預料外的挑戰，但最主要的目的，是逼迫你提早做出重要決定，這樣公司打從一開始就不會遇到現金危機（你知道的，就是之前講到的生存陷阱）。

庫存帳戶

「庫存」（Stocking）帳戶裡的錢請用來進行大額採購，以及儲存存貨。舉例來說，我的朋友ＪＢ開了一家經營屋頂平台業務的公司RoofDeck Solutions, Ltd.，他們會賣材料給分包商進行專案作業。ＪＢ每次接單會先要求基本的費用，通常是一筆五十或一百美元，但他的上游供應商要求每次至少要訂一萬個，大約是五千美元。每下一次單，庫存可以撐十個月或更久，所以ＪＢ設立了一個帳戶，裡面的錢專門用來進行這種大額採購，他每次會存二十分之一的基金進去（也就是每次兩百五十美元），準備進行下一次大額採購。為什麼是二十分之一？因為他知道隔十個月要再下訂一次，而他目前採用十日／二十五日的分配節奏，換句話說，他可以存十個月、每個月存兩次，也就是在下次訂購前，要分配二十次。如此一來，ＪＢ就可以在下一次下單**之前**就一點點存錢，等到要吐出五千美元下單時，他早就準備好了。以前要下單的時候，他完全沒準備，還得到處籌錢，現在他每個月撥兩次錢到庫存帳戶，一筆兩百五十美元，幾乎沒感覺。

轉嫁帳戶

有些公司從客戶那邊收到的錢不能分到獲利或業主薪資帳戶。你在提供客戶產品或服務的時候，可能得付出成本（或接近成本），但有時候整筆費用都可以報帳。舉個例子，我常常要出差，旅費通常由客戶支付，這一筆錢不能用來支付員工薪水，也不能轉入我的獲利帳戶，他只是轉嫁費用，要直接進到「轉嫁」（Pass-Through）帳戶裡，再拿去付錢給相應的賣家。如果我先代墊了，那錢就先進到轉嫁帳戶，接下來（十日或二十五日）再轉到營業費用帳戶，也就是一開始把錢轉出去付款的帳戶。順帶一提，現在提到的這些進階版帳戶要取什麼暱稱，完全由你決定，像我就叫我的轉嫁帳戶「報銷」（Reimbursement）帳戶。

為了不要讓報帳的錢進到收入帳戶，轉嫁帳戶要設支票帳戶，把報帳拿到的錢（或轉嫁的費用）直接放進去。

原料帳戶

如果大部分的整體營收都不會流到實際營收（如即時評量的結果顯示），那表示你的營收大部分都是轉嫁收入而已，你的核心業務則是管理這些轉嫁的收入。這種情況下你就要設立「原料」（Materials）帳戶，專門購買原料，千萬不要拿去做別的事情（永遠不要！）如果到了季末，因為各種原因而有剩下錢（也就是利潤超乎預期），再把餘額轉到收入帳戶，並進行分配。原料帳戶的功能和轉嫁帳戶相同，只是要獨立開戶，這樣才能清楚知道這筆錢只能拿來買原料。

承包商／佣金帳戶

如果你的公司沒有買原料，但是會找承包商或付佣金請人來做事，那就要設立「分包商」（Subcontractor）或「佣金」（Commission）帳戶，專門準備要付給承包商或外包人員的錢。使用方式和原料帳戶一樣，只是錢的用途是付給分包商，或是依據業務抽取佣金的人。要是你既買原料**又**外包業務，那就同時設立原料帳戶和承包商帳戶。

員工薪資帳戶

員工薪水相對好預測，全職員工領固定薪資，兼職員工每週平均工時通常也是固定的，所以你可以先算出總共要給員工多少薪水，以及你要繳的薪資稅，並依據計算結果，每個月十日二十五日從收入帳戶（適用進階版獲利優先系統）或營業費用帳戶（適用基本獲利優先系統），把錢分配到「員工薪資」（Employee Payroll）帳戶。如果公司的薪資委外處理，在設定的時候，款項就從員工薪資帳戶提撥（而非營業費用帳戶）。

設備帳戶

設備帳戶和庫存帳戶有點像，都是為了將來可能要支付的大筆費用做準備，像是買新電腦或是高端的3D印表機。如果你想存錢買昂貴的設備，先預估之後要花多少錢，再除以存錢的時間，再除以二之後，就得到每個月十日和二十五日必須分配的金額。

滴漏帳戶

這個帳戶裡的錢要用來放委任費、預付款項，以及各種你先收款、但還要一段時間才會逐步完成業務的款項。你收到錢，但還沒動用到資源。假設你接到一個大案子（恭喜），一開始就從客戶那邊收到十二萬美元，接下來一年，你每個月都會有進度，逐步完成這個案子，換句話說，你每個月實際上是賺一萬美元。當你收到這一大筆錢的時候，就存進「滴漏帳戶」裡，接下來每個月轉一萬美元到收入帳戶（或是更好的方法是每個月十日和二十五日各轉五千美元）。滴漏帳戶裡的錢都不要動，只有在完成部分業務的時候才轉帳，像這個例子就是每個月一萬美元，一點一滴把錢轉到收入帳戶裡。

滴漏帳戶會幫助你管理實際現金流量，如此一來才能好好管理費用和成本。以員工月薪為例，我幫在TravelQuest International工作的朋友創了一個滴漏帳戶。他的公司位在亞利桑那州普雷斯科特（Prescott），專為客戶規劃一生一次的旅程，從前往世界上最佳遠眺點欣賞日蝕，到去南極看極光，再到外太空體驗零重力的世界。客戶最早會在五年之前預訂行程，但公司費用多半是在旅行那一年發生的，這時客戶支付的款項就會進到滴漏帳戶。

零用金帳戶

設立一個零用金（Petty Cash）帳戶並申請金融卡，專門進行小額支付，像是請客戶吃午餐的錢。接著固定從營業費用帳戶裡面轉一些錢進來，你問我轉多少？我每兩個禮拜會轉一百美元到零用帳戶，給我和其他幾個需要小額支付的員工使用。零用金帳戶用途千百種，包括買禮物、請吃飯到其他各種小筆購物金。抱歉，如果你跟我去吃飯，我們不會去吃什麼八道菜的全餐，超過零用金帳戶餘額的花費，都不在預算範圍內。

預付帳戶

我在第六章提過，預付服務費用可以幫你省下一大筆錢。相較於每個月繳錢，一次繳六個月的汽車保險費更便宜，如果你預付一整年的費用，有些服務的折扣可以打到很低。設立「預付」（Prepayment）帳戶就是專門用來存預付款，只要看到好的方案，就能好好利用。即使對方沒有說可以打折，如果帳戶裡的錢夠你付掉幾個月、甚至一整年的費用，就可以主動要求折扣，大部分的公司都很樂意幫你打折。

消費稅帳戶

如果你的公司會收消費稅，收到的每一分消費稅款都要馬上轉到「消費稅」（Sales Tax）帳戶。舉例來說，你賣出一個一百美元的產品，消費稅是五%，那就把一百零五美元存入收入帳戶。分配的時候，先把五美元轉到消費稅帳戶，剩下的一百美元才做獲利優先分配。依法而論，消費稅本來就不是你的錢，你只是幫政府代收而已，所以**絕對不要**把那筆錢當成收入。一收到消費稅，立刻上繳給政府。

表四呈現我自己的帳戶設定，帳號當然是我亂設的，餘額也是捏造的，但是現金的

表四：麥克的帳戶設定

第一間銀行（營運用帳戶）

帳戶名稱	帳號末四碼	餘額
收入	**3942	$113,432.23
獲利：一五%（目標一八%）	**2868	$0.00
業主薪資：三一%（目標三二%）	**0407	$4,881.88
稅款－政府的錢：一五%	**4365	$0.00
營業費用：三九%（目標三五%）	**5764	$3,676.18
零用金：七十五美元	**4416	$142.66
員工薪水：一千五百美元	**8210	$1,845.46
報銷：〇%	**4247	$212.58
滴漏：〇%	**8264	$27,500.00

第二間銀行（無誘因銀行）

帳戶名稱	帳號末四碼	餘額
獲利保存	**1111	$14,812.11
稅款保存	**2222	$5,543.91
金庫	**3333	$10,000.00

分配比例就是公司平常的狀況，帳戶的名字也是我實際使用的名稱。我在每個帳戶名稱旁邊都寫上絕對金額或是比例，也就是我每個月十日和二十五日的分配依據。括號裡面寫的則是目標分配比例，也就是我為那個帳戶設定的目標，你也應該這樣做。

只要看一眼這些數字，我馬上就能知道公司現況，也可以隨時做即時評量。在這個範例中，我把自己每個月的必要個人收入設定在一萬美元。按照這個數字，可以立刻推算出我兩次分配之間，需要賺多少錢。

寫下流程

請用一頁的篇幅寫下各個帳戶的功能，解釋帳戶裡的錢有什麼用途，以及使用的流程。舉例而言，寫下每個月的十日和二十五日要從收入帳戶按比例轉到獲利帳戶、業主薪資帳戶、稅款帳戶和營業費用帳戶，再從營業費用帳戶固定轉七十五美元到零用帳戶、一千五百美元到員工薪資帳戶。最後，把在第一間銀行設立的獲利帳戶和稅款帳戶裡的錢，全數轉到第二間銀行。

這套流程是一種系統，所以要做紀錄。以後記帳士或許可以幫你做，或是哪天夜裡你喝太多，自己都忘記帳戶怎麼用的時候也派得上用場。欸靠，你有可能把錢全部丟到艾瑞克．埃斯特拉達（Erik Estrada 注：美國演員，活躍於一九八〇年代，後來轉行當警察）粉絲俱樂部基金裡，你是唯一的會員（連埃斯特拉達本人都退出了）。

把焦點從「每月必要花費」移開

惡名昭彰的「每月必要花費」會害你分心，恐怖的程度和實境節目《玩咖日記》（*Jersey Shore*）的重播一樣。「每月必要花費」其實是GAAP心態的遺毒，讓我們誤以為每個月一定要花這麼多錢才能繼續營業，**胡說八道**。「每月必要花費」的重點是什麼？沒錯，就是費用，而不是獲利。它會讓你想盡辦法提高銷貨收入來支應那筆花費，換句話說，這樣的想法讓我們把成本放第一，並以付清費用為目標，而不是思考如何提高獲利能力。你知道「生存陷阱」這四個字怎麼寫嗎？很好，我知道你會。

關心什麼就會得到什麼。不要再把焦點都放在費用上了，好好思考獲利，自然就能付清費用，去他的「每月必要花費」，好好關心「分配必要收入」（Required Income for Allocation，簡稱RIFA），也就是要維持公司穩定經營、支付你理想的薪水，並讓你領取應得的獲利分配款，每個月十日和二十五日需要存進銀行的錢。句點。

我的事業夥伴歐比榮．肯諾比（**注：Obi-Ron Kenobi，取自電影《星際大戰》〔Star Wars〕中的絕地武士歐比王．肯諾比〔Obi-Wan Kenobi〕的諧音**）（你應該看得出來，我很愛幫大家取綽號）教了我一個可以輕鬆做好這件事的方法。計算你個人每個月一定要領到的收入，除以二，因為一個月領兩次薪水，接著用那個數字除以業主薪資的分配比例。按照我在表四裡舉例的（捏造）金額，那就是把五千美元除以〇．三一，得出公司收入要達到一萬六千美元。換句話說，每個月十日和二十五日，我都必須要籌措到一萬六千美元左右，並且存入收入帳戶才能讓我領到理想收入，就這麼簡單。

一年要分配二十四次，所以要算出一年的數字，就要把一萬六千乘以二十四，這就是公司年營收的基本盤，在這個範例裡面就是三十八萬四千美元。為了讓你每一次分配都能拿到五千美元，公司得創造三十八萬四千美元的年營收，當然你還得按照各個比例分配款項。

如此一來，當我看到收入帳戶的餘額（見上表），立刻知道現在營收還少了三千美元，我必須要持續提高銷售。每兩個禮拜收入帳戶都會在分配後歸零，我又得再想辦法生出一萬六千美元（或更多）。沒錯，滴漏帳戶裡面還有一筆豐厚的存款，但那筆錢是我未來十二個月陸續提供服務才賺到的，所以每一次分配只能拿到一千美元。採用這套系統讓我可以非常、非常清楚知道最少要賺多少錢。

當公司不只一位業主

針對業主薪資還有一個重點：如果你和一位或多位朋友一起創立公司，這些人也領公司薪水，那你要把所有人的薪水加起來算最低收入總合。假設你每個月收入要求一萬美元、共同創辦人也要一萬美元，那合在一起業主薪資每個月就要有兩萬美元。除以二、再除以〇．三一，就得到必要收入是三萬兩千美元。

為什麼第一間銀行的獲利帳戶和稅款帳戶餘額都是〇元？

你可能也發現了，第一間銀行的獲利帳戶（一五％）餘額是〇，那是因為錢只會在這個帳戶停留一、兩天，錢從收入帳戶轉到第一間銀行的獲利帳戶（一五％）之後，同一天我就會把錢轉到第二間銀行的帳戶，從第一間銀行把獲利帳戶（一五％）的錢統統轉到在第二間銀行開立的獲利保存帳戶。獲利會在第二間銀行持續累積，從表中可以看出，這一季季末我可以好好為了超過七千美元的獲利分配喝采。很容易算，就是一萬四千八百一十二．一一美元乘上五〇％就對了，開趴囉！

處理稅款帳戶（一五％）的方式完全相同，分配完之後，立刻把誘因移除。

此外，你可能也發現了，表四沒有列出所有銀行帳戶的「總體結餘」，我沒有設定自動加總功能，所以底下沒有列出所有帳戶餘額總和。很多銀行會自動幫你加總，但我建議你（可以的話）移除這個功能，因為列出所有帳戶餘額的總數，就像又把錢全都放回一個大盤子，也就是我們要避免的狀況。總數會讓你的頭腦更加混亂，所以不要看到比較好。

募資

募資的風險很高，所以通常我並不鼓勵別人這麼做，除非你真的非常有信心，有把握這筆錢投資下去賺到的獲利遠高過投資額。要怎麼知道投資能不能創造更高獲利？唯有在你已經獲利的情況下，才有辦法知道答案。先獲利，當你知道公司哪一塊業務真正會幫你創造獲利，再考慮要不要用外部的錢來加強這一塊已經確定可運行的事業。當然，要考量的事情還很多，但可以獲利是最基本的前提。此外，我也希望你和會計或財務專家這些真正了解募資的人談過之後，再去找財源。

如果你真的要募資，就得先使用獲利優先系統的一項簡單進階技巧。猜猜看是什麼？沒錯，就是設立另一個帳戶，叫做「外部資金」。把所有募到的錢都放到外部資金帳戶裡頭，使用的時程與用途都要按照你和投資人合意的結果進行。如果業務有所調整，這筆錢有更適當的用途，你要和投資人就要重新擬定新的計劃。如果目前還用不到這筆錢，就先放在那裡，等候時機來臨，再把錢花到刀口上。TSheets是一間快速成長的時間管理追蹤軟體公司，他們就是這樣做的。公司的共同創辦人麥特・利特（Matt

Ritter）幫公司募到一千五百萬美元的資金，拿到錢之後，他很聰明，先把錢擱在一邊，直到對的時間和機會同時出現，才把錢投下去，把已經順利推行的業務做大。

筆記：這一個段落講到的內容可以直接複製到借款與運用貸款上，先等你獲利了，再把錢用來進一步提振獲利。

怎麼決定公司有沒有能力雇用新員工？

要決定公司有沒有能力多雇用一名員工，或是評估目前員工太多或太少，有一個非常簡單的公式。每雇用一位全職員工，公司必須要創造十五萬到二十五萬美元的實際營收（可以的話當然愈多愈好，不過這個數字是最低門檻）。所以你如果想經營一間營收百萬美元的公司，可以雇用四到六名員工（包括你自己），這是約略的數字，每間公司都不一樣，但不要以你的公司超級無敵特別為藉口，雇用更多員工。

效率永遠是首要目標，永遠都是。不要因為你老公的哪個堂兄弟運氣不好、「真的很需要工作」就雇用他，也不要挪一個職缺給哪位天資聰穎的年輕人，只因為你「某一天」可能會用到他源源不絕的好點子。你現在可是看重獲利的人了，還記得這件事嗎？你要先領取獲利，正因如此，花費必須格外謹慎。

也不要忘記，我們現在談的都是實際營收，不是總收入，**先**扣除原料和外包成本，再除以剛剛講到的奇妙數字範圍，才能算出理想的員工人數。

再強調一次，這不是什麼精確完美的系統，但會讓你更清楚公司實際的狀況，了解什麼叫做員工太多或太少。這些數字之所以不完美，是因為人工成本差異很大。在麥當勞炸薯條的仁兄賺的錢顯然遠低於負責設計下一代智慧型手機的女士，以這個案例來看，便宜的勞工可以幫你省下成本，但也沒有辦法創造那麼高的營收。炸薯條的人只能提振薯條的銷售，但工程師會幫你做出一個全新的產品，帶來接連流入的營收。

依據《簡單數字、直白對話、豐厚獲利》的作者卡比翠的估算，如果你經營的是一間科技公司，總人工成本乘上二．五倍，就是你必須達到的實際營收，因為科技公司一般都得雇用薪水較高的員工（受過高階訓練、可以為公司創造高營收的員工）。反之，如果你的產業人工成本低——像是剛剛提到的速食餐廳——實際營收就要是總人工成本的四倍。

舉例而言，假設你是一名實際營收六百萬美元的製造商。你雇用的都是便宜的勞工（像是生產線組裝人員），那就用六百萬除以四，得到一百五十萬，總人工成本（生產線上和坐辦公室的員工薪水都要計入）合計不能超過一百五十萬美元。現在假設你實際營收還是六百萬，可是雇用薪水比較高的員工（像是科學家或工程師），那就用六百萬除以二．五，得到總人工成本不能超過兩百四十萬美元。

加強版小技巧

有些進階版的獲利優先策略不需要花什麼時間，而且非常有效。我經常調整並精進現有系統，如果你想了解我最近有什麼新發現，或是分享你的想法，歡迎到我的部落格看看，網址是MikeMichalowicsz.com。在此分享幾個目前為止我最喜歡的小技巧：

政府的錢

從稅款帳戶「借」錢實在很容易（實際上是偷錢，但我不說你也知道吧？喔！好吧！我還是說出來了），那些錢就躺在那裡，餘額後面一堆〇，好像在笑我們怎麼不把錢拿去放在更有用的地方。當我們舉手投降、從稅款帳戶把錢領出來的時候，也不會馬上感到心痛，可是一到繳稅季，你可能就**大難臨頭**了。欠稅金額超過我們可以負擔的程度，代表我們至少得因為遲繳稅款而付政府利息，說不定還會被罰錢。

聰明的做法是把錢從稅款帳戶挪到第三間銀行，這樣你就看不到那筆錢，再把稅款帳戶的名稱改成「政府的錢」。我想你應該和我一樣，相較於「從稅款帳戶借錢」，絕對**更不想**「偷政府的錢」。

隱藏帳戶

依據「眼不見為淨」的理論，如果看不到帳戶，你就比較不會為了從那個帳戶轉錢或提錢找理由。有些銀行提供「隱藏」功能，讓你剛登入網路銀行的時候，不會馬上看到隱藏起來的帳戶。試試把營業費用帳戶之外的帳戶全部隱藏，畢竟就算隱藏了帳戶，你還是可以分配款項，獲利優先系統也能夠運行，差別只在你決定要怎麼花錢的時候，不會把其他帳戶裡的錢納入考量。

外部收入帳戶

隨著公司愈來愈成熟，你很有可能會新增許多其他帳戶來接收款項。你可能會設定PayPal帳戶來收錢，或是為了推廣國際業務或接收國內轉帳而設立匯款帳戶。問題在於，你可能會把這些帳戶裡面的錢當做「額外」的錢，就像你新增的零用金帳戶一樣是多出來的。但這筆錢並不是多出來的錢，而是營收的一部分，你必須確保自己好好保護並分配這筆錢，處理方式就和你把其他收到的錢存入主要銀行一模一樣。

這裡的小技巧就是好好設定所有的外部收入帳戶，讓帳戶裡的錢每一天都自動轉入你在主要銀行開的收入帳戶。有些銀行會讓你設定自動轉帳，把外部帳戶的所有餘額轉走，這樣就很不錯，不過前提是你得維持最低結餘，避免被收取額外的行政處理費用。

如果沒辦法設定自動轉帳，那就在每兩週進行款項分配的時候，同時把外部收入帳戶的錢轉到收入帳戶。只是轉帳有時候要花好幾天，你沒辦法立刻在收入帳戶裡看到那些錢，所以要等到再下一次分配的時候，才能把錢分配到各個用途的帳戶裡。

帳戶快照

為了能夠持續追蹤帳戶情況，主要帳戶要設定自動通知功能，電子郵件或簡訊通知都可以。要求銀行每個月九日（錢已經累積到位）、十五日（錢都分配好，該寄的支票都寄了）、二十四日（錢已累計），以及三十日（分配完畢）把收入帳戶和營業費用帳戶的餘額回報給你。零用金帳戶則設定每日餘額通知，其他帳戶手動查詢即可。

簡單的通知信將確保你清楚知道有多少錢進來（收入帳戶）、有多少錢可以用（營業費用帳戶），以及你個人可以用多少錢（零用金帳戶）。

銀行支票

除非付款項目都結清了，否則我們就會一直覺得錢還是我們的，有時候還會忘記自己開過支票。這時，退票違約金就會來跟你說哈囉，直接送你到十八層地獄去了。現在我來介紹一個技巧，讓你馬上改寫這種狀況：不要再用手寫開立個人支票後寄出（假設一切順利，你沒把裝著支票的信封袋遺落在車上），改用銀行支票付款。

這種付款方式也可以稱為銀行支付或銀行支付處理，你的銀行會迅速幫你處理銀行支票，更重要的是，銀行會立刻按照你開立的支票金額從帳戶扣款。如此一來，你一進行交易，馬上知道這筆錢永遠消失了。

沒錯，表面上看來是銀行賺到了，本來那筆錢可以在帳戶裡多留幾天，直到賣方收到你的支票並兌現，你損失了這段時間應得的利息。但我要說：「誰管它？」要知道，如果你每天都手動開立支票、轉帳操作幾億甚至幾十億的款項，那麼讓錢在銀行多留個幾天生利息就是很好的策略，畢竟就算只差幾天，你的營運資金放在銀行所得到的利息還是相當可觀。但大部分的創業家把錢放在銀行所賺得的利息根本少得可憐，可能一年才五美元吧！利息比你拿來寄支票的郵費還少。所以，這種低賤的工作就讓銀行去做吧，不好嗎？

採取行動：提前規劃

從這個章節詳細說明的進階技巧或策略當中挑出一項，加進你六個月後的待辦事項中。還這麼久的事情也要列入待辦事項或許很蠢，但如果不好好放在你會注意到的地方，最後你有可能會完全忘記這世界上還有進階策略的存在，也忘了那些可以幫助你把獲利優先系統與你的公司帶往下一個境界的做法。

第十章
獲利優先人生

「錢賺夠了，就不用設預算。」

我在第六章中分享了Specialized ECU Repair的共同創辦人暨老闆莫瑞爾的最新進展，我們快聊完的時候，他投下這顆小小的震撼彈。我得承認，我內心那隻節儉小怪物讓我第一時間很想反駁莫瑞爾的說法，認為他根本在胡說八道。但莫瑞爾畢竟是我珍貴的風箏衝浪好小子暨獲利優先模範生，所以當下我選擇閉嘴，好好聽他解釋那句話背後的涵義。

「我媽有一份很棒的工作，她在藥廠當主管。」莫瑞爾娓娓道來：「很久之前、我還在念大學的時候，我們有一次去Bed Bath & Beyond去買東西，她跟瘋了一樣大爆買。那時我的銀行存款僅僅六十美元，根本無法想像怎麼有人買得起那麼多東西。所以我就問她：『妳買東西都不先設預算的嗎？』她回我：『等你錢賺夠了，就不用設預算。』」

「聽起來可能不太對，但因為我採用獲利優先系統，所以就不需要瘋狂設立預算。」莫瑞爾接著說明：「我們去度假的時候，想做什麼就做什麼，不是因為我們瘋了，我們也沒有住四季酒店，只是去想去的地方、進行各種冒險，而不會去思考**我們付得起嗎？**我不是百萬美元身家的富翁，但因為我遵循獲利優先的原則，所以在旅行或花掉獲利分配的時候，我不需要自我設限。」

啊！我懂了，這裡的「預算」指的是限制。在採用獲利優先系統的時候，我們設立各種（很好的）限制，確保公司會賺錢。但是當我們領到錢、想好好犒賞自己的時候，各種限制就在合理的範圍內完全消除。

莫瑞爾和我一樣不喜歡用信用卡。由於他採用獲利優先系統，所以也不需要信用卡，他和潘恩只要關注銷售額就可以了，只要每個月的銷售額有達標，他們就知道一切順利。他們一手打造了自己喜歡的生活方式，也有足夠的錢支應這樣的生活，因為他們知道自己不僅可以拿到獲利分配，而且公司沒有那筆錢也能持續成長。

獲利優先系統幫你打造自己嚮往的生活方式，就算是剛開始採用，也能達成這樣的效果。Secretly Spoiled的公司老闆兼執行長兼會計師羅麗・德契（Laurie Dutcher）三年前開始採用獲利優先系統，她跟我說自己第一次領到季度獲利分配的時候（也就是兩年又九個月前），她帶全家人一起度過了第一次迪士尼假期。身為標準A型人格又追求數字的人，在採用獲利優先系統之前，德契總是把所有資源都投入公司——包括她的時間與公司全部營收。

「我真的是帳單一張接著一張苦撐，也沒在領薪水。」德契告訴我。

但獲利優先系統一上路，搭配德契原本就組織良善的系統，狀況立刻翻轉。她的個人財務狀況不到幾個月就穩定下來，到第一次進行季度獲利分配的時候，她已經有足夠的錢帶家人去迪士尼遊玩。

「那趟旅程非常棒，我們後來又去了幾次。」她說：「但真正讓我驚訝的是，過去我總是把所有錢全挹注到公司裡，因為我相信那是讓公司成長唯一的方式，沒想到我開始領薪水、把獲利當成首要目標之後，公司反而成長得比過去**更快**！」

德契和你我一樣，許多人總是習慣為了打造事業「不惜一切代價」（包括不領薪水、無限期推遲獲利時間），但她得學著如何允許自己用辛苦賺來的錢付錢給自己，更重要的是，讓她好好**享受**一下——像是為家人創造美好的經驗，提高大家的生活品質，也一起留下值得一生回味的甜美回憶。公司不再是噬金怪獸，差得可遠了，德契和家人已經去了七次迪士尼樂園（迪士尼真的是百去不膩），每一次公司都在後頭揮揮手說：「一路順風！」

說來應該也沒什麼好意外的：你剛剛學到所有打造獲利優先企業的做法，都可以應用到個人生活。你想想看，經營人生和經營事業其實很像，你會創造收入並支出費用，收入通常會波動，你也不知道什麼時候會忽然遇上危機，造成銀行帳戶餘額大減。此外，你對於自己的人生有一套願景，就像你會為公司設立願景一樣——在你讀這本書之前，你可能以為那個願景只有哪天你中樂透或得到意外之財才有辦法達成。

現在你比較瞭解狀況了，你知道為了存急用基金與享樂基金，得先把這些錢拿出來，再想怎麼運用剩下的錢。你也知道用小一點的盤子會幫助你把生活習慣中的脂肪消除，迫使你好好把精力花在最重要的事情上，並且找到有趣、有創意的做法達成你的期待。你還知道你為人生繪製的那張遠大藍圖不需要靠運氣或機緣才能達成，你可以靠自己去掙，而所謂的「掙」不是叫你花兩美元去買樂透，只要簡單調整習慣，堅持下去就行了。

你知道嗎？這可是一件很大、很大的事，你締造了奇蹟——創立公司。現在又透過執行獲利優先系統，確保公司可以成功；不只是從獲利能力的角度來看很成功，你的事業更可以為世界帶來正面的影響。

獲利優先生活方式

獲利優先生活方式的最終目標是要達到財務自由，而我對財務自由的定義是：你隨時可以做任何想做的事。隨著時間過去，你想做的事情會不斷改變。莫瑞爾和潘恩用獲利優先系統的獲利分配規劃了好幾次旅行，玩遍中美洲、加拿大、歐洲和澳洲。現在他們想做的事情不一樣了，莫瑞爾還是熱愛冒險，但他如今更想幫老婆完成法律學位並考取律師資格。他的創業夥伴潘恩則是準備幫家人買房，並裝潢得美輪美奐，那棟房子因為符合HGTV（注：Home & Garden TV的縮寫，美國專門介紹房屋和室內設計的電視台）電視台的高標準，廣告正全力播送。財務自由的意思就是你已經達到一個水平，你過去存下來的錢可以為你創造足夠的利息，不僅可以支應你的生活型態，錢還會持續增加。想建立通往財務自由的道路，靠的是簡單、微小的習慣調整，最後形成一套系統，應用在公司財務與個人財務上。

嗯，我寫這本書不是要教你怎麼進行家庭理財規劃或是管理**401(k)**退休帳戶，但我知道：如果你擁有一間公司，那你個人的財務狀況就會跟公司財務緊緊綁在一起。把公司比喻成你的小孩其實只對了一半，比較好的說法是公司和你是連體嬰，要把你們兩個分開必須要非常高超且精確的外科手術，而且就算手術成功，你們還是會持續共享靈魂。

所以你這個靈魂伴侶得把你正在做（或規劃要做）的這套拯救公司的獲利優先系統，全面移植到生活中。

一、**面對現實。**認清公司財務現況之後，現在要你面對現實應該容易得多。把你每個月的帳單加總起來，再加上各種年費與你欠的債務。

二、**如果你有負債，就別再借錢了。**把你沒辦法用手中現金支付的費用全數砍掉。

三、建立個人的獲利優先習慣。設立自動轉帳，每次你領到薪水（按照目前的系統運作模式，就是每個月十日和二十五日各領一次），就自動轉固定比例到退休存款帳戶。如果你現在還負債，轉到退休帳戶的比例先設定在一%就好，直到債務還清再來調整。扣除必要支出，剩下的所有錢都拿去還債。

四、設定你自己的「小盤子」。設定五個基本帳戶，以及一些重大事件帳戶。

1. 收入帳戶。這是你的存款帳戶，本帳戶唯一的用途是讓你從這個帳戶把錢分到其他帳戶裡。

2. 金庫帳戶。本來這個帳戶的概念是「喔糟了」的時候才派上用場，假如——更正——**一旦**恐怖的事情發生了，你要有足夠的存款度過那一個月。好，按照歐曼的建議，我們的存款餘額應該要讓我們可以支應八個月的日常開支，但這個星球上的一般人應該都沒辦法瞬間達到這個標準。不過，你可以緩慢、按部就班達成目標，你也曉得方法就是設立獲利優先的生活方式。金庫餘額一開始可以設定在單月的租金或貸款月付額，如果你現在手邊錢夠，請立刻把這筆錢轉到金庫帳戶。記得這個帳戶要讓你很難用（例如：設在不同銀行、沒有網路銀行服務、沒有支票等等），等你還完債之後，金庫帳戶餘額就會持續增加，目標是你在這裡存的錢會變成其中一個收入來源。這個帳戶會幫你用錢賺錢。

3. **重複性付款帳戶。**這個帳戶用來繳重複性的帳單，包括固定金額（像是房貸或車貸）、變動金額（例如水電費），以及一些短期的費用（像是小孩戴牙套分期付款的錢）。算出變動重複性支出的月平均金額，加一〇%，再加上固定金額的重複性支出，相加的總和再加上短期重複性支出，這就是你每個月要從收入帳戶轉到重複性付款帳戶的金額。如果手邊錢夠，現在就轉。

4. **日常帳戶。**如果有需要，可以多設幾個。要支持整個家庭的運作，需要各種日常支出項目——雜貨、衣物、上學用品、女童軍餅乾、約會、跑鞋、女童軍餅乾、保母費、盥洗用品、雪胎、女童軍餅乾……好吧，可能我買太多了……再來一盒焦糖椰子口味就好？不行嗎？好啦！不鬧了。幫家裡面負責各個費用項目的人設立日常帳戶，每個月十日和二十五日，就依據花費需求從收入帳戶把錢轉進各個日常帳戶。舉例而言，我和老婆都會添購家用品——我是好市多（Costco）之王，她則負責添購雜貨。我們兩個都會幫車子加油，也會一起負擔小孩的費用。幫每個人辦一張金融卡，這樣買什麼東西都會立刻從帳戶扣款。

5. 債務破壞王帳戶。所有剩下的錢都轉到這個帳戶，用來還清債務。我們繼續依據蘭西的建議，每一筆債務都還最低支付額，接下來不管哪一筆錢款的利息比較高（除非有某一筆高到很誇張），先從金額最小的付起，把那一筆帳一筆勾銷之後，再解決下一筆。蘭西的話相當明智：只要能還清一筆債務，不管金額大小，都會給你一股動力，讓你更快還清剩下的債務。別忘了，我們是靠情感而不是靠邏輯做事的動物。

6. 人生中的重大事件。例如：買房子、買車子、辦婚禮（通常是幫小孩辦，但也有可能是你的……）、大學學費、大學學費、又有小孩要念大學了。其實現在有很多很不錯的財務專案可以幫助你因應這些大事件，比方說五二九大學儲蓄計劃（注：五二九大學儲蓄計劃是美國提供給居民的儲蓄計劃方案，五二九帳戶裡的基金不用被扣州稅或聯邦稅，但只能用在教育用途）。這些都是非強制性、但或許對你有幫助的選項。

如果你還背負著債務，你現在就去把信用卡剪掉。記得，順著人類行為採取行動比違抗它容易得多，所以最好的辦法就是移除誘惑。

但有個例外。創業家的收入可能非常不穩定，這個月過得很好，下個月一毛錢都拿不到，下下個月還可以，再下個月又是「我到底在幹麼」的月分。如果你有好好遵循獲利優先法則，業主薪資帳戶應該可以解決這個問題，讓你開始領取穩定的薪水。但一開始，效果可能還沒發揮出來。而且你如果是剛起步的新創公司，恐怕連一毛現金都賺不到。因此，我認為你應該留一張信用卡來當成崩潰月分的備案。把那張卡放進信封袋裡封好，寫上「僅供急用」，並交給你信得過的朋友保管。我是認真的，你真的得移除各種誘因。

接下來，我說明一下該怎麼按照獲利優先的邏輯管理這張救急信用卡：

隨著債務慢慢還清，每一季你要減少信用卡的額度，減少幅度就是你繳清負債的一半。假設你有一張已經刷爆的卡，額度設在一萬美元，到了季末，你順利還清三千美元

（夥伴，做得好！）現在你還欠七千美元的債務，同時有一萬美元的信用額度。我要你打電話給信用卡公司，請他們把你的額度調降一千五百美元，也就是你第一季還清的金額的一半，所以你是背負著七千美元的債務，信用額度八千五百美元。如此一來，你等於是幫自己設立一個護欄，這套機制會保護你免於背負更多債務（以防你哪天忽然覺得再把卡刷爆也無所謂），同時又可以留下一張救命卡片，萬一哪天公司狀況不好、需要應急，還有信用額度可用。

每一季都重複同樣的做法，直到卡債全數還清、信用額度減到五千美元，再把信用卡放進信封袋封好，存放在安全的地方（你的皮夾顯然一點都**不安全**）。比較好的方法是找個值得信賴的朋友幫你保管，這可是你危急存亡之秋的救命額度。

有些人會說：「麥克，但如果我砍掉信用額度，負債對信用額度的比例就會變得很高，這樣貸款方就會提高我的利息。」

面對這個問題，我只回一句：「所以呢？」

現在的目標是要把債務還清，讓你不用被財務問題壓得喘不過氣，而不是要壓低借款利率、好讓你借**更多錢**。等你把債務都還清之後，我們再來考慮怎麼提高信用分數。還記得薩凡納香蕉隊的老闆寇爾嗎？他都可以在兩年內還清一百三十萬美元的債務了，你絕對可以好好燒光所有負債。沒錯，把這些債務統統燒光光，弄個巫毒娃娃來燒，拿個小鋁罐裝滿甘藍奶昔，辦一場屬於你自己的火人祭（Burning Man，注：每年在愛德華州舉辦的盛會，眾人齊聚並用各種方式表現自我，脫離凡間規矩），好好把債務**燒個精光**。

快刀斬亂麻

我女兒把小豬撲滿給我、想幫我解決我自己造成的財務危機時，家門前的車道上還停著我那三輛奢華車款，我還是鄉村俱樂部成員（但從來沒去過），還有一堆重複性的費用。雖然超級丟臉，但我得承認，我甚至說不出有哪些重複性費用。

那一刻來臨前的幾週和幾個月，我很清楚自己沒時間了，卻還是死抓著我賺來（而不是「養成」）的生活習慣不放。我覺得自己值得過那樣的生活，一點也不想放棄。但我女兒驚人的無私舉動把我打醒，我深深意識到：那些東西根本完全不重要。

身為靠情感做事的人類，在放棄那些再也負擔不起（或打從一開始就付不起）的東西時，往往只會放掉一點點。我們還是想勉強抓著那些東西，期待有什麼事情會「出現」並「化解危機」。我們把痛苦分成好幾小份，等待機會。會這樣做是因為我們討厭失去，更準確地說，是比起追求什麼，我們更渴望避免失去。這種行為上的直覺反應稱為損失迴避（Loss Aversion）。

損失迴避的情況隨處可見且威力強大。而「稟賦效應」（Endowment Effect）是指，明明是相同的東西，我們會特別重視自己擁有的那一個。兩者綜合作用之下，你就變得格外頑固，像個三歲小孩在那邊死命拉扯，硬要搶自己最愛的被被（「那是我的！」）。

舉個例子，你已經覬覦那台漂亮的紅色保時捷跑車超久，買一台肯定很不錯，但真的入手以後，就不只是「不錯」而已——而是帥翻了（和你一樣帥）。你會把車弄得美美的、帶朋友去兜風，每次自拍的背景必定有那台美麗的紅色跑車（當然只是不小心拍進去的）。你因為擁有而深愛那台車，雖然這台和你之前在展示中心默默欣賞的是同一台車，但你們的關係改變了。

後來你收到通知：你分期付款又少付一期，下一期再付不出來，你的愛車就會被收回去。**你的**寶貝。這下怎麼辦呢？把車還回去？不，你取消了女兒的芭蕾舞課（反正她本來就跳得不怎麼樣）、取消了健身房會員（反正你也沒多會運動），也取消了去鱈魚角（Cape Cod）玩樂的行程（因為大家都知道去鱈魚角的人都很遜……遜斃了）。你開始每晚吃泡麵，可惡，你連那台超級愛車的保險都取消了，只能把它好好停在車庫裡以策安全，等待「好日子」來臨。車子不能開怎麼辦？至少你還沒有失去它，至少還是**你的**。

我做過一模一樣的事，我想盡辦法砍掉所有能刪減的費用，但該刪的都沒刪。後來我帳單付不出來、卡也都刷爆了，但我刪減費用的程度也只夠我繼續生活而已。下個月重新再來一次，只是狀況更糟，處理帳單、想辦法生錢出來，我不斷處在壓力之中。

「小豬撲滿」那晚過後，我回想起自己以前怎麼過生活，想起那段剛剛創業、手頭格外拮据的時光。當時，我不會毫無效率地東扣西扣，而是會一口氣把費用砍光。

該重返正途了，快刀斬亂麻吧。

我砍光了一切。豪華車？沒了（我把三台車都賣了，換成兩台二手的基本車款）。又貴又潮的俱樂部會員？取消了。各種奢侈小確幸，比方說Netflix帳號？退訂了。在我認清根本沒人在乎這些事情之後，砍光費用變得更容易了。我是說真的，沒人在乎。

在我與開銷展開瘋狂對戰的痛苦時刻，我想你根本沒感覺，也從來沒有想過「嘿！不曉得親愛的小麥現在怎麼樣？有沒有成功處理他的財務問題？」而且我敢說，你現在也不會為我掉一滴眼淚——無所謂，畢竟這就是現實。

認識你或聽過你的人當中，有九九．九%壓根兒不在乎你擁有什麼、你都去哪裡玩樂，或你現在狀況如何；另外那〇．〇一%不管因為什麼原因討厭你的人，也只會指著你邪惡地大笑幾聲，再把他們自我厭惡的情緒轉嫁到另一個人身上。一旦你意識到這件事，就可以輕鬆放棄開超跑耍帥了。

當你意識到，那些**真正**認識你、深愛你的人當中，九九．九九%的人都會集結起來給你勇氣（我的家人就給了我勇氣），那就是你站起來、拍拍身上的灰塵，認真說「來吧！」的時刻。

判債務死刑

現在你的公司每一季都會給你獲利分配支票，喔耶！開趴啦！還清了大筆個人債務，你知道最好的慶祝方式是什麼嗎？開一場「債務去死」派對。非常有趣，進行方式如下：一拿到獲利分配支票，就播放幾首讓你熱血沸騰、你喜歡的歌，像我就會選擇金屬製品（Metallica，注：美國知名重金屬樂團）的《Seek and Destroy》；但如果你不愛重金屬音樂、沒有頂著一顆狼尾頭，那就選其他你喜歡的音樂。但拜託，不要選什麼貝瑞．曼尼洛（Barry Manilow）或魯伯特．荷馬斯（Rupert Holmes）的《Escape（The Piña Colada Song）》……我們是要摧毀債務，不是和債務談戀愛或舊情復燃。

接下來，確定你拿著一杯酒，或是任何可以穩定心靈的東西。最後把九九%的獲利分配都拿來還債（先還最小筆的）。用金融卡還錢，或用線上系統操作都可以，立刻解決。然後——直到這時候才可以舉起杯子說：「為我乾一杯！」乾了就可以跳舞了（或一邊聽金屬製品的音樂，一邊搖晃我們沾滿汗水、一絲一絲的狼尾頭）。這場派對會在十分鐘內結束。債務呢？債務永遠消失了。嘿，不覺得超讚的嗎？

你或許會以為我講話很酸，但我沒有。對我來說，可以減少債務就是**勝利**，而勝利就是爽。

剩下那一%的獲利分配額就隨便你用，重點是要讓你有被獎勵到的感覺。去吃頓豐盛的晚餐吧！錢不夠就改吃冰淇淋。不管領到多少獲利，都好好珍惜，拿去慶祝。讓你的公司為你服務，同時慢慢消除債務。

獎勵是獲利優先系統重要的一環，我們一定要懂得慶祝。很多專家只會叫你消除債務，問題是，消除債務只能減輕疼痛，沒辦法帶給你歡樂的感覺。理想狀況應該是兩個目標同時達成，這樣效果才會更強。消除債務的感覺當然很好，但一邊品嚐紅酒、一邊回想剛剛撕掉信用卡帳單的場景，更令人心花怒放。

消除主要債務——卡債、銀行貸款、學生貸款——之後，開始改成只花四五％的季度獲利分配額歸還剩下的長期債務，剩下五五％拿來讓自己爽花、購物或買體驗。這樣做是為了心理效果：當你把努力的成果分成好幾塊，把大塊的留給自己感覺總是比較好，不管做什麼用途都沒關係。除了長期債務（房貸、車貸）的基本月付額，用那四五％的錢來多繳一點，加速還款，剩下的錢都留給自己去瘋狂（啊？我可沒說什麼喔！我也**絕對沒看到**你做了什麼瘋狂的事）。

等你繳完貸款、完全擁有自己的車子和房子、把生活中各種大大小小的債務全部還清之後，獲利分配就一〇〇％屬於你了。屆時，那場派對可得辦得轟轟烈烈，請個樂團、買些好酒，起司披薩可以升級加料，喔！最好還要邀請我跟我老婆，我們會一路風箏衝浪過去。

鎖定生活方式

依據帕金森定律，假如你口袋裡有十塊錢，你就會把這十塊錢花光。隨著你的收入增加，帕金森定律就會奏效，讓我們開始花光所有多賺的錢。

現在你很清楚自己的薪水，也會確實領取，那就要量入為出，鎖定生活方式。意思是不管公司狀況有多好，你都不會因此改變生活方式（這是很大的挑戰，因為你開始採用獲利優先系統之後，公司就會締造**驚人**的成長）。你要不斷累積現金——要累積很多——也就是說你不能買新車、添購家具或歡度瘋狂假期。未來五年，你都要按照現在的規劃，好好遵循這套生活方式，把所有的額外獲利都用來追求終極大獎：財務自由。

不要被我嚇到，我不是說你不能帶另一半去吃大餐，或是去玩一個週末（你腦中閃過民宿這個選項嗎？我滿喜歡住民宿）。你需要享受生活，我懂也支持你，我只是要說，為了讓獲利優先系統永久翻轉你的人生，你得盡可能拉大收入與支出的差距，現金存愈多愈好，因為達到某個點之後，錢就會開始幫你**賺大錢**，全自動。錢可以生利息，也可以帶來投資收益，而且不要忘記，當你手中現金每一年都能為你創造更多錢，而那些新增的收益超過你的年花費時，你就達成了財務自由的目標。

以下提供五個規則，幫助你在未來五年好好鎖定你的生活方式：

一、每一次都先找免費的選項。
二、如果買二手的也能達到一樣效果，就絕對不買新的（反正你一買來就會變二手了）。
三、可以不要付全額就不要付。
四、想辦法議價，並且先看看有沒有別的選項。
五、延後進行大筆交易，直到你寫下十個不進行那項交易的替代方案，並且好好想過每一項方案。不亂花，等到獲利優先的季度分配發下來再享樂，耶！

獲利優先生活方式是一種節儉的生活型態，這點無庸置疑。但節儉不等於廉價。比起花大錢，節儉的時候你可以過得很好（甚至更好），為什麼？因為節儉讓你免除財務壓力，讓你更用心享受並珍惜你買到的物品與體驗。大手大腳的人買了相同的產品，下手之後卻得面對沉重的壓力。誰受得了？切記：就算穿上華麗的衣裳，貧窮還是貧窮。

如果你覺得堅持五年太久了，我還有另一個方案（或是說你順利撐過前五年，之後也可以換成這個方案）——「楔子」（Wedge）方案。這個概念已在創業圈流傳多時，就我所知最早是由成功學大師布萊恩．崔西（Brian Tracy）提出。「楔子」方案就是在收入增加的同時，緩慢（且刻意地）提高生活品質。每當收入增加，就把增加的部分分一半出來當成存款，這樣就不至於像帕金森定律分析的一樣，「用光所有資源」來提升生活品質。

舉個例子，你拿十萬美元回家（這是稅後金額，稅公司幫你繳了），奉行獲利優先生活方式的你每年都會存兩萬美元，靠剩下八萬美元過生活，這是你開始「楔子」方案的起點。以後如果賺超過十萬美元，多出來的部分有一半要進到金庫帳戶，金庫帳戶的餘額不斷累積，從「靠！我怎麼一毛都沒有」的帳戶，變成「靠！我錢還真多」的帳戶。

假設你的收入提高到十三萬七千萬美元，那就是比去年多三萬五千萬美元，此時就要拿出五〇%（也就是一萬七千五百美元）放進金庫帳戶，自己剩下十一萬七千萬美元左右。你還是按照獲利優先的原則過生活，所以其中二〇%要存起來，賺的錢增加了，二〇%也增加到兩萬三千四百美元，你的年存款總額就這樣提高到約五萬美元。同時你也可以過上更好的生活，一年有九萬三千六百美元可以用，準確來說就是增加了超過一萬三千美元的生活費。你的生活還是會變好，但透過「楔子」系統與獲利優先系統兩者結合，存款會增加非常快，讓你更快達到財務自由。

獲利優先小孩

不管你是怎麼賺錢的，這世界總是會用各種方法逼迫我們用自己的力氣去賺。這就是我不給小孩零用錢的原因，我列了一張工作清單（各種家事），並且把清單貼在冰箱上（你可以到MikeMichalowicz.com的資源區下載清單），每一項工作都有對應的金額，孩子們可以自己決定要做多少事情、賺多少錢。我寫到這一段的時候，我女兒正拿著自己賺錢去夏威夷度假六個禮拜。三年前，她也用自己的錢去西班牙旅遊。講這些當然也是驕傲的老爸想偷炫耀啦！但我想講的重點還是把獲利優先系統套用到孩子身上，可以讓他們更珍惜金錢的價值、學習管理，也完全不會把拿錢視為理所當然。以下提供一些基本做法：

給小孩幾個信封袋（你知道的，就是傳統信封），讓他們標記各袋的用途：

一、一袋是完成遠大夢想用的，像我女兒就想買一匹馬。讓他們把做家事賺到的錢分二五%到這個信封袋裡。

二、一袋是支持家裡的錢。這個數字要固定，像是每個禮拜拿五塊錢出來供應家中雜貨或娛樂活動。關鍵是要設定固定值，這樣他們才會習慣固定繳錢，也要特別注意金額是不是符合他們的年紀。

三、一袋是影響力。讓他們存五%到一〇%的錢到這裡，捐給他們想捐的慈善機構，或是用在有意義的地方……像是創業。讓他們在幫助社會的同時，又能賺錢。

四、一袋是金庫，讓他們存一〇%的錢到金庫裡，當成急用基金（你當然希望孩子永遠用不到這一袋錢，但總希望有個萬一的時候他們有所準備），等錢累積到一定程度，他們也可以拿去投資。

五、一袋是隨便花的錢，想買什麼就買什麼——玩具、音樂、書等等，讓他們賺錢之餘也能享樂。

當然，孩子必須要遵循獲利優先的不二法則：不管要怎麼用錢，都要先把錢分到不同的帳戶（信封袋）裡，這一套系統會讓你的孩子真正了解錢的價值：學會管理、學會賺錢、學會為自己的夢想籌措資金。一開始感覺怪怪的（直升機父母，我就是跟你們說話），你也勢必會面對孩子的反彈，但這是你可以給他們的一份大禮。想想看，要是有人教過你這些重要課程與策略，你的財務人生會有多麼不同？假如你很幸運，父母以前也教過你這一套系統，那就想想把同一套做法交給孩子，對他們幫助有多大。

有趣的是，讀者最常提到「小豬撲滿」的故事讓他們印象很深刻。我很確定我永遠也忘不了，已經深深刻在腦海裡，到我死前那一刻，應該也會想起這件事。

我的女兒阿黛拉已經長大了，順利申請上我的母校維吉尼亞理工大學（衝啊！霍奇隊！）我開車載她去參加新生訓練時，我們倆先到連鎖餐廳Cracker Barrel吃午餐。我談起小豬撲滿的故事，從她九歲那年事件發生之後，我就沒對她提過了。

「你在說什麼啊？」她說。

我重述了當時的狀況，但她搖搖頭說完全不記得了。有一瞬間我還滿難過的，覺得人生中的關鍵時刻居然只是她心中一閃而過的記憶，但接著我意識到：**她沒印象也是理所當然**。對她而言，把她辛辛苦苦存下來的一分一毛全都給我，是再自然不過的事情，就像幫老人家開門一樣。她本來就很懂得金錢管理，也懂得要關懷他人，她並沒有特別想什麼或做什麼，這原本就是她的一部分。

我開到校園內放阿黛拉下車之後，跟她講了一大串老生常談，教她怎麼好好運用大學時光，巴啦巴啦，老爸的碎唸，巴啦巴啦。克莉絲塔和我要求小孩一定要共同分擔大學學費，不過阿黛拉還不曉得，我已經拿前幾次的獲利分配款幫她繳清了，她現在存的錢其實是以後用來辦婚禮的，可以做一個超大、超讚的小豬撲滿婚禮蛋糕。

採取行動：把獲利優先融入生活

步驟一：按照自己的個人支出，設立相應的獲利優先分配帳戶。

步驟二：這一章提到了「鎖定生活方式」的概念，依據你最近的薪水與要鎖定的生活方式判斷確切可以花多少生活費。

步驟三：把全家人找來、坐下來好好談論數字，讓他們知道你要採用獲利優先系統，以及這套系統會如何幫助你們一家人建立長期穩健的財務狀況。如果成功了，你可以告訴孩子這個方法是「小麥叔叔」建議的。

第十一章

如何避免系統分崩離析

獲利優先系統最大的敵人不是經濟情勢，也不是你的員工、客戶或岳母（好吧！岳母**有可能**），而是**你自己**。這套系統很簡單，但你必須懂得自律、持續執行，而這往往就是我們會失足的地方。我們沒有辦法貫徹凍結債務的流程，甚至完全沒展開行動。我們不願意縮減人事成本，也不肯搬到最差的辦公空間，更沒有去挑戰產業常規或試圖創新。

反之，我們會偷自己的錢，把原本分配到獲利的金額用來付帳單，或是把稅款帳戶的錢領出來支付自己的薪水。我們（向自己）借錢、求情、偷竊。我們會這樣放手讓獲利優先分崩離析，最主要的原因只有一個：我們獨自行動。

錯誤一：單獨行動

我在第一版《獲利優先》寫到這一章的時候，美東的天氣真他媽差到爆，我聽說還有其他地方也很慘。我已經連續好幾天被困在家裡了，感覺有八十四年這麼久。我還記得自己不敢轉到氣象台，就怕天氣預報會成為最後一根稻草，把我逼瘋。我不確定哪一州的狀況最差，我心裡覺得是我最愛的紐澤西州，但我想答案應該是明尼蘇達州——好啦！其實我很確定，就是明尼蘇達州。

安珍妮特．哈波（Anjanette Harper）是我最好的朋友（友好程度大概是我們會在開車出去玩的時候，共用一罐體香劑），也是世界上最好的作家。她就住在紐澤西州隔壁的紐約州，我們透過電話交換情報，更新暴風雪對我們居住城鎮所造成的影響。哈波說：「麥克，我曾經在明尼蘇達州北部的森林，撐過了一英里的登山行程……而且還是某年一月的事。我們一行人在深度及腰的雪中行走，手邊只有指北針、一些火柴棒，和一大包燕麥穀片。今年冬年根本不算什麼。」

哈波後來又講了很多關於Widjiiwagan營隊（沒錯，這是正式名稱）的搞笑故事。

那是她十三歲的時候和幾個同班同學一起參加的冬令營，地點就在明尼蘇達州的伊利（Ely）附近。

「真的很白痴，我們一群都市小孩被扔去這種生態營隊，地點超北、時間又是一年中最冷的月分。除了刷牙之外，我們都不能用唯一一間室內廁所——我是說真的，馬桶還用封箱膠帶黏住。我們得乖乖穿上三層衣服，再裹上大外套，走到森林裡的戶外廁所，才能尿尿。你可以試試看，在伸手不見五指的夜裡去上廁所，一間超小的木製小屋、裡面是結冰的馬桶，上廁所的時候還聽得到附近有兩群四處走動的狼在相互嚎叫。」

哈波講了一堆她參加Widjiwagan營隊的冒險故事，我也跟著一路狂笑，直到她解釋隊輔如何讓所有隊員改掉浪費的習慣，我才想到自己**必須**跟你們分享她的故事。

「第一天晚上，我們吃完晚飯以後，隊輔叫我們把盤子上剩下的食物全部倒到桶子裡，然後隊輔秤了一下那些廚餘的總重量，並宣布我們總共浪費了多少磅的食物。身為一群過太爽的屁孩，我們只回他：『喔，所以呢？』」

「接下來隊輔就開始滔滔不絕教育我們，每天留下幾磅的廚餘，加在一起就愈來愈多，很快就變成幾座廚餘山。然後他下了最後通牒：我們必須在這週結束之前，把每一餐的廚餘重量降到少少幾盎司。我不記得失敗的確切懲罰是什麼，但鐵定讓我們很生氣，像是逼我們跳方塊舞……而且要兩個兩個一組。」

哈波繼續說明接下那幾天，她和同學如何互相監督，每一餐結束之後，檢查彼此的盤子裡剩下多少廚餘，他們擬定策略，並找到解決方法——最重要的一點就是一開始別夾那麼多菜。

「我們會互相幫忙。」哈波說：「例如，我吃飽了，但還剩下素食馬鈴薯泥，泰德（Ted）和布萊恩（Brian）想再拿一份，我就把剩下的給他們吃。如果盤子上的食物堆太高，我們會用手肘暗示一下對方（或是大叫說，快挑走你要的），一頓飯快結束的時候，如果覺得可能無法達標，就會逼對方吃。事實就是，我們這群年屆青春期的孩子，會**不計一切代價**避免肢體接觸，更別說叫我們兩兩一組跳方塊舞。」

到了最後一頓晚飯，哈波和隊員都嚇了一跳——廚餘桶裡完全沒有東西。零，無，沒有東西。於是乎，誰也不需要和那個詞扯上關係，或者說那兩個絕對不該放在一起的詞彙：「方塊」和「舞」。

哈波和朋友做的事情，其實就是組成一個團隊，確保他們達成目標。像這樣組成問責團隊或是小組的效果非常好，幾個主要成效包括：

一、你貫徹始終的能力會突飛猛進，因為其他人需要仰賴你，而好友之間的良性競爭關係不會傷害到彼此。

二、攜伴走過痛苦的過程，可以減輕痛苦程度。

三、和其他人一起執行某項計劃或系統，會使你傾向把自己分內的工作做好。

四、定期和你的夥伴和／或組員見面，會幫助你設立節奏，讓你更容易維持規律，並達成目標。遠大的目標因此能分割成幾個小的、可達成的里程碑。

獲利優先系統是有效的，找到一群互相監督的夥伴，可以確保你讓系統順利運行。獨自一人埋頭苦幹是創業家在執行獲利優先系統時最大的錯誤，除此之外，還有一些其他的問題。在本章節中，我會再分享幾個常見錯誤，並告訴你如何在執行獲利優先系統時，避免那些錯誤。不用擔心，我提供的解方都不會要你跳方塊舞（方塊舞的愛好者不好意思，我無意冒犯）。

錯誤二：太多又太快

創業家超級常在剛開始執行獲利優先系統之際，一口氣把二〇％到三〇％的收入分配到獲利帳戶裡，到了下一個月，他們就發現自己負擔不起這麼高的分配比例，又把錢挪回來付帳單，打亂整個流程。你必須在分配獲利之後，就不再動它，所以一定要確保公司可以在縮減營業費用的情況下繼續經營。

想增加獲利，就必須更有效率，用更低的成本創造相同或更好的結果。獲利優先系統的運作模式是先設定最終目標，再依據目標調整做法。過往你常常試圖為了獲利而提高效率；現在你先領取獲利，就必須變得更有效率才能支撐公司營運。結果相同，只是逆向操作。

這就是為什麼我建議你剛開始要把分配比例設得低一點，不要落入貪心的陷阱。一開始領取過多獲利，結果帳單到期了，又得把大部分的獲利放回營業費用帳戶。先從較低的分配比例開始，建立良好習慣，每一季調整獲利優先分配比例，讓它們更接近目標，調整幅度約一％到二％。慢慢起步，緩慢並刻意地行動，照樣會迫使你找到方法精進公司營運，並提高效率，但不至於讓你因為壓力太大或目標遙不可及，而直接放棄整套系統。

莫瑞爾和潘恩一開始採用較低的分配比例，成功之後他們受到鼓舞，一口氣把獲利分配比例調到二〇％，結果立刻發現公司沒辦法讓他們在領那麼多獲利的**同時**維持既有成長態勢。因此，他們開始調整比例，直到找到平衡點，設定新的獲利分配比例。莫瑞爾和潘恩發現，九％的獲利分配比例夠讓他們累積急用基金和享樂基金，但也不會高到阻礙既有的經營策略，公司仍然可以繼續稱霸市場。

他們的策略就是要一直站在產業創新的最前線，為了達成這個目標，他們設立了強勁的留才計劃，員工薪水比產業平均多出三〇％。沒錯，他們比同業付給員工**更高**的薪水，因此得以留下市場上最好的工程師，而且——重點來了——即使給員工這麼高的薪水，他們依然是產業中獲利能力最強的公司之一。這就是反向操作獲利的力量，你會找到支持獲利的重要元素（在這個案例中，重要元素就是長期留任的優秀員工），請好好經營這個元素，不重要的元素就拋了吧。

莫瑞爾和潘恩定期依據短期與長期的需求，調整獲利分配比例。他們每一個環節都做對了，那間成功、蒸蒸日上的公司就是絕佳證明。

「好的事情」也有可能「太多」，就算是快速成長的獲利帳戶餘額也符合這個道理。不管你是剛開始執行獲利優先系統就犯了這個錯誤，還是在執行的過程中，因為覺得前景特別樂觀而犯錯，都要盡快修正，否則你就會發現自己再度掉回生存陷阱中。

錯誤三：成長優先（獲利以後再說）

「我很喜歡獲利優先的想法，但是我希望公司可以成長。」

我和其他人分享獲利優先的概念時，最常聽到的反對意見大概就是這句話了。有太多創業家堅信成長和獲利只能二選一，認定兩者不可兼得，這件事情讓我厭倦。選擇成長或選擇獲利，你不能什麼都要——放屁！獲利和成長相輔相成，一間健全的公司會找到方法，先創造穩健獲利，再用盡各種方式提振獲利。

或許是因為我們都聽過太多次那四、五個奇蹟似的成功故事，創業家才會對成長與獲利出現這種迷思。你也知道，我講的故事就是那些高速成長的公司，等到夠多投資人砸錢替他們拓展業務，就開始轉虧為盈。我說，難道你不想成為下一個Google或Facebook嗎？如果是，那你要做的事情再清楚不過：複製他們的做法。但這個策略有個問題：那些奇蹟般成功的公司都是創業遊戲中的樂透贏家，他們不是常態，完全不是，他們是百萬中選一的超級特例，只有對他們來說，採用「成長、成長、成長」，再一口氣獲利的方式是可行的。「不計成本，只顧成長」的做法很少會通往獲利；事實上這樣成功的案例少之又少，因為「不計成本，只顧成長」的心態創造了數不清的失敗、被丟棄、被摧毀的公司，那些公司你一家都沒聽過，因為沒人會跟你分享失敗的故事（這又是另一個人性特徵：選擇偏誤）。不過，你對Twitter應該還算熟悉。

Twitter已經創立十年，到現在還沒獲利。從二〇一一年開始，Twitter累積虧損二十億美元，至今仍未找到獲利的方式。Twitter不斷雇用新的管理團隊、新的領導層，採用各種新的人事物找尋獲利方法，但就是做不到。你不覺得很瞎嗎？先成長，再想辦法獲利？這就是Twitter正在做的事，除非它可以憑空生出一場奇蹟，不然就會把手上滿滿的投資人資金燃燒殆盡。在本書送印之際，Twitter求售的傳聞早已流傳多年，但看來大家都沒興趣。可能買家也變理智了，他們知道要是Twitter自己都不知道怎麼獲利，那買家也不會知道（注：二〇二二年，伊隆．馬斯克〔Elon Musk〕收購Twitter，二〇二三年更名為X）。

諷刺的是，很多公司都和Twitter一樣只重視成長，等著以後再獲利。[1] Twitter只是比較顯著的例子而已，各種大小的公司都可能抱持相同心態。不計代價，想盡辦法讓公司成長，直到錢沒了、孤身一人悲慘死去——聽起來真棒，嗯？

先領取獲利，你的公司自然會告訴你公司該如何成長。我很好奇如果Twitter的創辦人決定從第一天開始就要獲利，情況會有什麼不同？我相信結果會很不一樣，公司也會穩健得多。

超成功的創業家、也是美國電視節目《創業鯊魚幫》（*Shark Tank*，注：美國知名電視節目，每一集都會邀請資深創業家和投資人來擔任「鯊魚」，負責出題考驗參加錄影的新手創業家）的「鯊魚」馬克．庫班（Mark Cuban）有一套教條，或許可以為我們下一個明確的註解。二〇〇九年二月，庫班在部落格上發表了一篇文章，標題是〈馬克．

庫班的刺激計劃〉（The Mark Cuban Stimulus Plan）。他羅列了公司成長，並讓他願意出資協助公司成長的關鍵，他列的重點中，我最喜歡第一、四點。

- 公司可以是既有公司，或是新創公司。
- 公司必須在九十天內獲利。

我認為你從今天開始就必須獲利，這位世上最知名的投資人比我寬容一點，他會給你一季的時間。[2]

錯誤四：錯刪成本

看到現在，你應該很清楚我是個節省狂人，可以省錢我就很爽，一旦發現可以一口氣刪光某筆費用，我就特別嗨。但是，並不是每一筆費用都該砍掉。我們需要投資資產，而我對資產的定義，就是讓你可以用更低的單位成本取得更大的成效、藉以提高經營效率的東西。因此，如果某一筆費用可以讓你更輕鬆取得較佳的成果，那就保留這個項目，或是花錢購置該項資產。

我曾參觀過一家製造刀具的工廠，發現他們還在用一些很老舊的工具。當時，公司的老闆跟我說：「對啊！我們有些系統還是從一九六〇年代用到現在的耶！留下這些舊設備讓我們省了超多錢。」

參觀的過程中，我還發現那間工廠生產的刀具品質良莠不齊，有一些很鋒利，有些比較鈍，刀柄跟刀鋒很難完美接合。同一週，恰好在我參觀那間工廠前，先去看過另一家刀具工廠，我在那邊看了一個小時，工廠持續製造出品質完美的刀具，產量是那間設備活在披頭四（Beatles）粉絲大聲尖叫、社會倡導自由戀愛時期的工廠的四倍。

效率會帶來金錢，所以要好好投資在效率上。如果某筆支出可以提振獲利並創造高效率，那就想辦法砍掉其他的費用，或是看看有沒有其他不同的、或較便宜的設備（或資源、服務等），而不是為了你自以為的節省，犧牲營運效率。

錯誤五：「保留盈餘」與「再投資」

我們會用很多冠冕堂皇的話，支持自己從其他帳戶把錢挪過來支應費用。其中最常見的就是**「保留盈餘」**和**「再投資」**，兩者說到底都是「借錢」的同義詞。我就曾經做過這種事，我從獲利帳戶把錢「保留」下來，付清營業費用，然後朋友，我真的很後悔。

如果營業費用帳戶裡的錢不夠支付費用，就是超大的警訊，代表你的費用太高，你要趕緊想辦法解決這個問題。也有極少數的時候是業主薪資或獲利分配太多，會發生這種情況只有一個原因：你一開始預設的獲利或業主薪資分配比例過高，也就是說你領取的獲利或是薪水額度，現在的你還無法負荷，公司營運效率還不夠支撐你要的獲利能力。不過我得再次強調，這通常都不是營業費用帳戶出現赤字的原因。

同理，有些創業家持續用信用卡支付日常營運費用，把它們稱為「信用額度」，這種說法也不精確，那筆錢根本不是你的。你的信用卡額度幾乎都不是用來幫你填補公司短期的現金缺口（例如某個利潤很高的案子錢沒有如期進帳），幫你暫時度過難關。不是這樣，信用卡單純是拿來付帳，最後就變成債務，直白又單純。用信用卡支付你付不出來的費用也是公司費用太高的警訊。別再輕易使用信用卡，要把卡片留到真正緊急的時刻，或是極其特殊的狀況（像是那筆你非用不可、才能創造收入的費用項目）。

如果你發現自己好像需要把獲利「保留」下來，請先**停下腳步**，重新評估。永遠有更好、更永續的方法來幫助你維持公司體質健全；你要做的是投資心力好好思考，而不是把錢拿來再投資。

錯誤六：掠奪稅款帳戶

施行獲利優先系統的頭一、兩年，你可能會被稅款綁住，因為你只付了預估金額。舉例來說，你的會計師會依據前一年的收入和獲利能力進行稅額預估，並告訴你公司每一季大約要繳五千美元的稅。

隨著獲利帳戶和稅款帳戶金額不斷增加，你可能會意外發現每一季稅款帳戶都會多一筆八千美元的存款。看到這個數字你可能會想：「嘿！我的會計師說我每一季只要付五千美元的稅，我的稅款準備金太多了。」你的腦海中或許會浮現另一個微弱的聲音說：「不要動那筆錢，你或許需要用它來繳稅。」但又有一個更大的聲音回覆：「不用擔心啦！你很有可能不會不夠錢繳稅，就算不夠你也有時間籌錢。」不如把多出來那三千美元領出來付薪水給自己，或是繳其他的帳單（還有另一個更大聲的聲音——我大概就聽自己說過——可能會說：「幹麼不拿這筆錢租一台新的跑車？反正是掛公司帳，而且你馬上就可以成為地表最性感的男人。」別聽它亂說！危險！威爾羅賓森，有危險！）（Danger, Will Robinson! 注：本句出自一九六〇年代美國經典科幻影集《太空歷險記》（*Lost in Space*），是故事主角羅賓森一家人的機器人的經典台詞）

大錯特錯。

當你的獲利能力愈來愈好，要繳的稅也會增加。實際上，稅額提升反映的是公司體質改善了。當然，我不是說你除了該繳的稅以外，還要多繳一點（稅款也是一種費用），我只是說要認清「公司愈健全，稅額就愈高」這件事。所以不要從稅款帳戶偷錢出來，心裡想著以後也用不到這筆錢，你會用上的。

有時候你需要的錢甚至超乎自己預期。有一年我就搞砸了，我每一季都乖乖繳預期稅額，每次發現剩下錢，就把多出來的錢拿來當成我的業主薪資。蠢死了，稅額估值是依據去年的收入計算的，如果今年獲利增加了（你的公司獲利一定會增加），就得繳更多稅，但稅額的**估值**不變。如果單純因為你分配的稅款比預估的還多，就把稅款帳戶裡面「剩下來」的錢花光，等到報稅季你就會傻眼。

去找一位對獲利極大化和稅額極小化**都很擅長**的會計專家（如果不確定他們可不可靠，請他們分享自己的做法）。[3] 每一季都和專家討論，衡量你的稅務情況，千萬不要把錢從稅款帳戶領出來！你的公司正高速成長，未來稅額鐵定會增加。

另一個稅務問題和降低負債有關，我把這個過程稱為「贖罪」。如果你還背負著債務，剛開始執行獲利優先系統時會很痛苦。我可懂了，我是過來人。

問題在於：政府會考慮的你的費用高，讓你少繳一點稅，但你存下來還債的那些錢，不在政府的考量範圍。你實際刷卡的費用、信用卡利息、信用卡手續費都可以當成費用，但是你付卡債的錢不算費用。

我都不敢相信自己會講這種話，但至少在這個情況下，政府說對了。公司進行採購的那一年你就已經享受過較低稅額，不管你是付現、刷卡還是靠銀行貸款、信用額度，結果都一樣。隨著公司由虧轉盈，開始還債，就得按照收入等級繳稅，在還債的同時又要繳稅，會讓你覺得被剝兩層皮。事實卻並非如此，你只是在為以前的「罪過」還債而已。

錯誤七：增加複雜度

隨著獲利優先系統愈來愈受歡迎，我發現一個完全出乎意料的問題：大家認為系統應該再複雜一點。這是個很詭異的現象。許多創業家可能太習慣和會計細節纏鬥，所以覺得採用獲利優先系統也應該要掙扎一下；如果用得太順手，就覺得一定是哪裡做錯了。因此他們自創各種規則，增加複雜度。我知道聽起來很怪，但這種事情我已經看過好幾次了。

我看過創業家導入折舊或攤提的概念調整銀行帳戶餘額，不要做這種事，現金就是現金，有就有，沒有就沒有。

我也看過創業家領到獲利分配、放到自己的存款帳戶後，又把錢拿去買東西或雇用員工，然後就說這筆支出不算費用，因為這是他們自掏腰包的錢。啊啊啊！那完全是騙局，那筆支出絕對是費用無誤。獲利是一種獎賞（獎賞的形式是現金分配），用來獎勵公司股東，而且是這些股東為公司工作領到的薪水（業主薪資）之外，可以領取的額外報酬。

獲利優先系統超級無敵簡單，它的設計完全符合你平時的做事方式，因此運作非常流暢。不要想太多、不要搞那麼複雜，也不要試圖取巧、騙過系統。有時候取得你要的結果，比起努力半天得到一個自己根本不想要的結果簡單得多，只要輕鬆接受這個事實就好了。

錯誤七：跳過設定銀行帳戶的步驟

有些人會想「簡化」獲利優先系統，不去設定銀行帳戶，直接叫記帳士處理。畢竟他們是創業家，沒空處理「無關緊要」的小事，所以就用既有會計系統中的試算表，或改一下會計表單，模擬獲利優先的「小盤子」銀行帳戶。結果他們馬上發現獲利優先系統運作失敗，再來怪系統不好——但問題是他們根本沒有**使用**這套系統。

獲利優先系統的設立，必須要完全符合你——也就是創業家——的日常行為。你總是會登入銀行帳戶查詢餘額並做決策，所以獲利優先系統必須利用銀行帳戶進行設定。試算表、會計系統做出來的那些一般報表也很棒，但太慢了，你不會用那些報表來做最即時的花費決策，而是在事情發生之後，才去看那些報表。仗都打完了才在想戰略，完全沒有意義。

把獲利優先系統建置在銀行裡，你一查詢帳戶必然會看到，讓你即時進行獲利能力管理與現金流決策。設立銀行帳戶代表你無可迴避，而這恰恰是獲利優先系統的重點。

獲利優先專家

你絕對可以靠自己好好推動獲利優先系統，並規避主要錯誤，但是和獲利優先專家——記帳士、會計師、商業教練，與其他過訓練並取得認證，懂得幫你提升公司獲利能力的專家——合作可以幫助你更輕鬆達到目標。這些人曾經看過其他公司遇到哪些問題，和他們合作你就不用等到自己（很哀傷地）遇到問題才發現問題。就像上健身房找教練，而不是自己練習。教練會幫你更快達到健身目標，獲利優先專家也會幫你更快創造獲利，同時減少過程中遇到的問題。而且當你知道健身房有教練等著你，自然就會感受到要去健身的責任，健身過程也更加安全、有效率。

如果你找不到適合的記帳士或會計師幫你啟用獲利優先系統，恕我冒昧請你好好考慮與PFP合作，請上ProfitFirstProfessionals.com搜尋。

*

我自己的公司與人生都因為獲利優先系統而變得更好，對於獲利優先帶給我的財務穩定與自由，我永遠感念在心。但我也很清楚，要從獲利優先系統這台車上掉下來有多麼容易，在我的忍者記帳士柯特萊抓住我的腳、強迫我忍耐之前，我也曾經偏離系統，更看過許多其他公司中途放棄。有些公司不只是從車上掉下來而已，還被狠狠輾過去。

我們一不小心就會重回老路，因為舊的做法感覺很合理（其實不然），或是因為會計師說我們不應該這麼做（明明該做），或是覺得走老路比較開心（其實沒有）。

讓我引述偉大的賽跑運動員羅傑．班尼斯特爵士（Sir Roger Bannister）的名言，他在四分鐘內跑完一英里，打破過去各界認定的人類極限。班尼斯特爵士說：「努力變得痛苦之際，還持續逼迫自己更上一層樓的人，就是最後的勝利者。」

說得真好，班尼斯特爵士。

採取行動：認真跟你的會計師談

和會計師、記帳士或商業教練（最好大夥兒同時）坐下來談（理想狀況下，這幾個人都是受過訓練的獲利優先專家），大家一起討論出新的計劃案，確保你不會把太多營收分配到獲利帳戶，以及你**確實**提撥足夠的金額到稅款帳戶。和他們約好每季進行檢視，確定你在持續增加獲利與其他項目的分配比例時，減少營業費用。

如果因為任何有的沒的原因，你還沒有在銀行設立獲利優先帳戶，我拜託你馬上去做。快追隨克勞迪奧．聖多斯（Claudio Santos）的腳步，他在我總結這個章節的此刻，從南非寄了一封E-mail給我，信裡面說：「我剛開始拜讀你的著作，一打開就不想放下來了。總之就是遵循你的指示，好好執行你叫我做的事。」聖多斯已經開好帳戶並寫信告訴我，這就是我在第一章要你做的事。我敢說他很快就會看到公司獲利向上提升了。

就這樣，做就對了。

後記

瑞克．貝瑞（Rick Barry）是籃球史上最厲害的罰球好手，他曾十二度入選美國職籃全明星賽，也是奈史密斯籃球名人堂（Naismith Basketball Hall of Fame）的一員。他的罰球命中率高達八九．三%，全ＮＢＡ的平均才七五%，很多球員的罰球命中率甚至只有五〇%。俠客．歐尼爾（Shaquille O'Neal）和威爾頓．張伯倫（Wilton Chamberlain）這兩位劃時代的最佳球員罰球命中率也不到五三%，兩個人在職業生涯中，都有超過五千次罰球未進的紀錄。

貝瑞是怎麼罰進這麼多球的？他用的是「蹲馬桶投球法」（又稱阿嬤罰球），低手投籃。

所謂「低手」指的可不是兩手放在籃球下方，而是投籃者手握球的兩側，把球舉在腰部的位置，手臂向上晃動、把球向前拋的投籃動作。這時候會發生兩件有趣的事情，首先，手臂的動作變得極為單純，相較於高手投籃需要許多關節協調（變因多），低手投籃只要保持手臂穩定、手腕彎曲（變因少），結果就是射籃狀況更穩定。另一點是這種投球方式會加重球的後旋力道，讓球的落點更好；如果打到籃框，垂直彈跳的次數較多，球也因此會停留在籃框附近，更有機會入袋。

如果你試著（並且持續遵循）貝瑞的蹲馬桶投球法，罰球命中率就會大幅提高，但你高機率不會在朋友面前這麼做。大學球員和職業球員會採用這種蹲馬桶罰球法嗎？拜託，當然不會。雖然那些金字塔頂端的菁英球員一年領幾百萬美金的年薪，工作就是要多拿幾分，而使用蹲馬桶投球法就可以幫他們**得更多分**，職業球員還是不願意好好運用這種手法。「怕自己看起來很蠢或沒經驗」的感覺勝過理智，而理智明明就告訴球員，使用低手投球法會提高命中率，甚至可能因此創下歷史紀錄。你知道嗎？罰球命中率普普通通的張伯倫之所以成為球壇傳奇，其中一個原因是他在一九六二年一戰成名。那一年，他代表費城勇士隊（Philadelphia Warriors，注：現為金州勇士〔Golden State Worriors〕）出戰紐約尼克隊（New York Knicks），單場狂掃一百多分，背後的原因是他罰球得分高。他怎麼做到的？那一天，張伯倫用蹲馬桶投球法罰球。

誰知道蹲馬桶居然這麼猛？我也希望可以和阿嬤一樣投球，更正，我希望自己有堅持像阿嬤一樣投球（因為我小時候確實就是那樣投籃的），而沒有變得「太酷」，酷到犧牲得分。阿嬤，這一課我學會了。我再也不會為了要帥而犧牲分數，也永遠不會為了要酷而犧牲獲利（就算我是唯一一個奉行獲利優先的人也沒關係）。

獲利優先系統愈來愈受歡迎，我開心得不得了，真的。但你依然很可能是朋友群中率先採用獲利優先系統的人。一如往常，身為第一個嘗試新事物的你，可能會被朋友嘲笑。歡迎來到會計與金錢管理版的蹲馬桶投球世界：獲利優先。採用這套系統之後，你的公司就邁向了成功與成就的康莊大道，但對於不熟悉這套系統的人而言，你的會計與記帳方式看起來或許很詭異，或太過簡略。

隨著你走向罰球線——銀行——開啟各個獲利優先帳戶，你很清楚這些帳戶會改變你的人生。其他人或許會暗自竊笑或奚落你，但沒有關係，你和貝瑞一樣知道這套做法可行，而且你並不孤單。每一天（真的是每一天）我至少會收到五、六封電子郵件，都是《獲利優先》的讀者寫來的，信中描述獲利優先系統如何翻轉他們的事業。不只電子郵件，我也常常收到Facebook通知、Twitter文、手寫信（信不信由你）、電話，有些人甚至會寫文章分享獲利優先的成功經驗。有些故事我已經在書中分享了，有些我曾經在演講上談過，也有些讀者會上我的獲利優先的 Podcast 接受採訪。每一則故事都被我下載或拍照起來，永遠保存在硬碟裡。殲滅創業貧困是我的人生志業，讀者是其中的一環，**你**就是其中一環。

我記不得所有人的名字，不過我記得每一則故事。像是有一位有機農夫接連虧損十四年，決定放棄、關閉農場，但她採取行動之前，選擇先用用看獲利優先系統。她在六個月內就創造第一筆獲利，讓她重振精神，事業也不斷成長，並且具備獲利能力。有一對夫妻在澳洲中部養馬，他們住的小鎮大概只有十個人，前陣子剛寫信給我，信中提到他們的事業慢慢榨乾兩人的靈魂，導致婚姻觸礁，直到他們看了《獲利優先》並採用書中做法，這套系統挽救了他們的公司與婚姻。我也聽過無數個執行長和創業家說他們如何找回自信、找回快樂、找回理智、找回週末；也聽許多人說他們再也不受焦慮、失眠與其他因為公司無法獲利而造成的困境所苦。

至於我，經營採用獲利優先系統的公司與人生讓我對自身財務信心滿滿，我再也不必永無止境籌錢付款，因而獲得自由。我不再找尋祕而不得的奇蹟——我也不需要。

我不指望有朝一日某個人突然介入，買下我的公司，把我從帳單到帳單的事業中拯救出來。我的公司現在就能獲利，明天、下個月、未來好幾年也都會持續獲利，我沒有肩負任何債務，並且一步步、持續累積微小而成功的財務經驗，每個月十日和二十五日進行。

解決問題最常見的方式就是改變習慣，杜希格在《為什麼我們這樣生活，那樣工作？》一書中提到，習慣就是「點一下，嗡嗡叫」。先受到某樣東西的觸動（例如掛零的帳戶餘額）——點一下——我們就採取反射性的習慣作為，像是發瘋似地打電話催款——嗡嗡叫。杜希格在書中提到，改變習慣雖然不無可能，但非常非常困難。反之，一套簡單的系統如果可以善用我們的好習慣、規避我們的壞習慣，就會快速帶來正向且永恆的改變。

這套系統就是獲利優先系統：簡單、按照我們**既有的樣子**運作。你要做的事情就只有遵循系統，不需要拿MBA學位、修會計課程，或是瘋狂吞食《華爾街日報》的文章。你甚至不需要知道怎麼看懂自家的損益表、現金流量表或資產負債表。你不用改變或「修正」你的習慣，系統就可以運作。它就是做得到。

我何必要求你改變？你已經按照自己的方法，成功讓超棒的公司成長茁壯，不管怎麼說，這都是非凡的成果。我們現在要做的事情，就只有好好抓緊你良好的財務管理習慣，並設立圍欄，避免你回歸「人性」。

真的非常單純，我們就是要把獲利放在第一位，就這樣。

站上罰球線，不要管那些反對者，拿起球、來一發蹲馬桶投籃。不要管其他人想什麼，他們只是還不瞭解。就像貝瑞——或那一次傳奇賽事中的張伯倫——那樣狂掃分數，你只要順著自己的習慣去做，就可以看著獲利**與**公司同時成長。相信我，你看起來絕對不像阿嬤，反倒像是創業奇才。

你不需要奇蹟，也不需要在賭城的好手氣。你不需要天上掉下來的大禮、不需要超大客戶，或是全球性事件的幫助，也可以達成你打開第一盒名片時，在心中為公司設下的願景。只要把獲利擺在第一位，其他事情就會自動到位。這不是火箭科學，你也不需要一卡車的機運才做得到，財務自由和你之間，真的就只隔著幾個小盤子而已。

致謝

如果只靠我獨力完成這項專案，大概要花上十倍的時間才能寫出十分之一的內容。本書送印之前，我最後一次瀏覽內容，不禁起了雞皮疙瘩。我真心相信這本書會改變世界，而它之所以能改變世界，是因為我背後有一群超棒的同事和朋友挹注心血，他們無不想幫助創業家，讓每一個創業的人都能打造永遠獲利的公司。

首先，我要特別感謝哈波，她和我一起完成這本書。寫第一版的《獲利優先》時，我們的目標很單純：「寫一本**可以**改變世界的書。」重塑《獲利優先》、推出增修版的時候，我們把原本就很好的內容變得更好了，我可以很驕傲地為這本書掛保證：「它**將會**改變世界。」哈波，你是陰、我是陽，我們一起完成五本書了，再寫個二十本吧！

如果有個男人中午吃飯點一份甜菜三明治配四杯咖啡，你就知道此人絕非省油的燈。我在Portfolio出版社的編輯維斯萬納斯逐頁、逐句檢查，反覆看過好幾遍，讓《獲利優先》更好讀，過程中絕對不會影響系統說明、語調或我的風格。謝謝你，維斯萬納斯，謝謝你幫我把獲利優先系統的概念變得更強，也讓我的風格更加鮮明。

謝謝我的圖像設計師多賓絲卡。她總是說：「喔！我有個好主意。」然後就用超強的圖像呈現模糊的概念。大大感謝Go Leeward（goleeward.com），地表最棒演說經紀公司，無庸置疑，他們幫助我到世界各地分享獲利優先系統的內容，讓每一個想聽的人都聽得到。

還有一些幕後功臣，他們每天都在教育會計師、記帳士、商業教練和創業家，讓大家更了解獲利優先系統。他們真的是獲利戰士：榮恩．沙禾陽（Ron Saharyan）——人稱歐比榮．肯諾比，他是我見過最支持獲利優先系統的人。如果你在路上巧遇歐比榮，他可能會送你獲利優先貼紙、書籍或T恤。我也要感謝克莉絲提娜．波德克（Kristina Bolduc），我們都叫她「可比」（Kebby），她負責經營獲利優先專家團隊。我還要謝謝人稱「小莫」的莫格和夏威夷戰士麥克．卡萊斯（Mike Scalice），他們一起幫助了許許多多的企業掌握獲利優先系統。

最後，我非得感謝你不可，有了你，這份致謝詞才得以完整。你是一位勇敢的創業家，也是超級英雄，你為了自己、家人、員工、社群與世界拚了命要提振獲利。繼續奮鬥，超級英雄，繼續加油。

最後的最後，同時也絕對是我心中的第一名：克里絲塔，妳是我的生命。

各界推薦

「創業家經常不了解現金流與獲利能力的區別，《獲利優先》把這一整套流程講得極度簡單，讓你再也沒有藉口說自己無法既獲利又創造現金流！」

——《簡單數字、直白對話、豐厚獲利》（*Simple Numbers, Straight Talk, Big Profits!*）作者葛雷格・卡比翠（Greg Crabtree）

「米卡洛維茲不僅是時下最創新的小企業經營術寫手，他的獲利優先系統用法簡單、成果顯著，更可以讓許多企業主不再走財務鋼索，轉而創造可預期的獲利。當一間公司的獲利可以預期，企業主不只壓力減輕，也更懂珍惜，讓你專注在真正重要的事情——服務客戶！」

——《給予的力量》與《*The Go-Giver Leader*》共同作者鮑伯・柏格（Bob Burg）

「為什麼只有少少幾間公司真的有辦法為企業主創造獲利？《獲利優先》翻轉一般人的理解，解析企業主無法創造底線獲利的真實原因。本書會教你如何馬上把錢帶回家。」

——《長線思維》（*The Long Game*）作者多利・克拉克（Dorie Clark）

「《獲利優先》帶給我很大的啟發，真希望我剛創業就認識這套系統。」

——《讓顧客主動推薦你》（*The Referral Engine*）作者約翰・詹區（John Jantsch）

「創業家最大的煩惱就是財務問題。對於擁有絕佳點子、要避免破產的創業家而言，《獲利優先》是必讀書籍。這套系統聰明、容易執行又絕對有效，而且你一定會享受閱讀的過程。」

——資本主義的小豬《*Pequeño Cerdo Capitalista*》
作者索菲雅・馬席爾斯（Sofía Macías）

「創業家和小公司顧問終於有一套實務工具可以用來提振獲利能力了！每個和小型企業有接觸的人，都應該讀這本書，並且運用這套足以改變局勢的原則。」

——Woodard Events與Woodard Consulting執行長喬・伍達德（Joe Woodard）

「我看完第一章就下定決心要執行獲利優先系統。這本書看到一半，公司就開始獲利了。」

——《如何突圍》（*How to Get Unstuck*）作者貝瑞・莫爾茲（Barry Moltz）

「別再當公司的奴隸，快開始真正賺錢。遵循米卡洛維茲違反直覺的建議，把獲利擺第一吧！」

——《逐步升級》（*Scaling Up*）作者凡爾納・哈尼許（Verne Harnish）

「《獲利優先》對創業家而言是一記當頭棒喝，也是高明的啟發。大部分的小型企業表面光鮮亮麗，實際上卻為了生存苦苦掙扎。米卡洛維茲用引人入勝的故事搭配他的機智語調，教你如何不再埋頭苦幹，助你脫離流沙，並找回你深愛的公司。」

——《你的專屬魅力說明書》《*How the World Sees You*》作者莎莉・霍格茲海德（Sally Hogshead）

「《獲利優先》可謂史上最強大的創新訣竅，把『先付錢給自己』的原則應用到公司裡，就可以看獲利滾滾而來。」

——《你可以不只是上班族》（*Side Hustle*）作者克里斯・古利博（Chris Guillebeau）

「《獲利優先》可以翻轉局勢。我把這套系統用到公司裡之後，獲利成長了二一%。如果你想轉虧為盈、引領公司成長，就需要這本書。」

——《開口就是一齣好戲》（*Steal the Show*）作者麥可・波特（Michael Port）

「《獲利優先》完全改變了我處理公司財務的方式，我還沒整本看完，就已經建立分配系統，設立四個帳戶來分配新的收入：營業費用、業主薪資、稅款和獲利。米卡洛維茲的系統讓我在一個月內就從損益兩平到獲利。無論你的事業是大是小，這本書都是必讀書籍。」

——《關鍵轉折》（*Pivot*）作者珍妮．布雷克（Jenny Blake）

「二五％的小型企業銀行裡的現金水位只能撐兩週或更短；七五％撐不到一個月。《獲利優先》原則教你如何一步一腳印，避免成為上述數據的一部分。」

——紐約市國王學院商學系副教授、《會加減乘除就看得懂的財務報表》（*Accounting for the Numberphobic*）作者唐恩．富托普勒（Dawn Fotopulos）

附錄一　快速設定指南

一次完成設定

一、在目前合作的銀行開立五個基本帳戶，全部都開支票帳戶。我們把這間銀行稱為**銀行一**。帳戶分別是：（一）收入；（二）獲利；（三）業主薪資；（四）稅款；（五）營業費用。

二、在另一間銀行開兩個新的存款帳戶，我們把這間銀行稱銀行二。開設這兩個帳戶的目的是要移除誘因，讓我們不會想從以下這兩個帳戶「借錢」：（一）獲利保存；（二）稅款保存。

三、利用即時評量（請參考附錄二，或是MikeMichalowicz.com/free-resources）決定公司的目標分配比例。但一開始先執行目前分配比例即可，這是你的公司在這季結束之前，可以支撐的比例。

每天

一、所有銷售或其他業務收入，收到款項後放進收入帳戶。

二、如果採用進階獲利優先帳戶，核銷款項、保留盈餘等項目分別放入相應帳戶。

三、每天花一分鐘查詢銀行一的帳戶餘額，了解公司主要業務的現金流量的趨勢，只要一分鐘就可以了解現況。

每個月十日和二十五日

一、依據你設定的目前分配比例，把收入帳戶中的所有款項分別轉入**銀行一**的各個帳戶。

二、把**銀行一**獲利帳戶中的所有餘額轉入**銀行二**的獲利保存帳戶。把**銀行一**稅款帳戶中的餘額轉入**銀行二**的稅款保留帳戶。完成後，**銀行一**的獲利與稅款帳戶餘額為〇。

三、如果你採用的是進階版獲利優先系統，從營業費用帳戶把錢轉入員工薪資或其他固定金額的費用項目帳戶。

四、從業主薪資帳戶發薪水給業主，比業主薪水更多的部分就留在業主薪資帳戶裡。

五、用營業費用的錢來繳費。

每一季

一、從獲利保存帳戶餘額中取出五〇%進行獲利分配，記得，這筆錢是要拿來獎勵業主的，不可以用來「再投資」公司或「保留」在公司中。

二、用稅款保存帳戶裡的錢付清稅款。

三、和會計師或獲利優先專家會談，調整獲利、稅款、業主薪資、營業費用的目前分配比例，讓公司的財務體質更加健全。

每一年

一、和獲利優先專家或會計師、其他財務專家一起檢視公司的財務狀況。

二、年底把錢轉進金庫帳戶、退休帳戶，或是進行你和財務專家認可的、適當的資本投資。

附錄二　獲利優先即時評量表

	實際數字	目標分配比例	獲利優先	差額	修正
整體營收	A1				
原料與外包成本	A2				
實際營收	A3	100%	C3		
獲利	A4	B4	C4	D4	E4
業主薪資	A5	B5	C5	D5	E5
稅款	A6	B6	C6	D6	E6
營業費用	A7	B7	C7	D7	E7

附錄三　重要名詞

目前分配比例（Current Allocation Percentages, CAP）：目前你把收入分到不同帳戶的時候所依據的比例。獲利目前分配比例五%的意思就是你會把收入帳戶中五%的餘額轉入獲利帳戶，每個月兩次。

第零／第一天（Day Zero/Day One）：第零天就是你執行獲利優先系統的前一天，第一天是正式採用獲利優先系統的第一天。

債務凍結（Debt Freeze）：債務凍結的意思不只是「不再背負新債務」，而是嚴謹、循序漸進地刪減非必要支出的流程，不再增加新的開支，並找到提振獲利的方法。

債務雪球（Debt Snowball）：戴夫．蘭西創的詞彙。一種解決債務的方式，先繳清金額最少的債務，將幫助你找到持續還清更大額債務的動力、進而達成財務自由。

稟賦效應（Endowment Effect）：行為經濟學理論指出，相較於未擁有的東西，我們